U0036959

素便當，好好吃!

張翡珊／著　周禎和／攝影

Healthy Lunch Box Ideas

Yummy Veggie Recipes!

自序

安心便當

法鼓文化邀請我設計素食便當食譜，這對我來說是一個超級任務與挑戰。製作便當並不困難，但要在有限的食材裡，設計出千變萬化無蛋、無奶的天然食材便當，確實不簡單。但是只要一想到，設計出美味營養的便當食譜，可讓不知從何著手的朋友們，願意開始動手做看看，就覺得再辛苦都值得的！

因此，本書希望不只是設計一本便當食譜，也能成為素食新手的料理入門書。素食要吃得健康，必須要從健康的烹調法做起，傳統的烹調方式往往重鹽、重油過度料理調味，如此製作的便當也隨之變得油膩難入口，失去素食本有的天然純淨特色。希望大家能試著從本書所提供的簡單家常菜與創意菜，慢慢練習調整飲食習慣，吃出美味，更吃出健康來！

素食便當新主張

上班族的午餐會選擇便當，即是為了爭取多一點的午休時間，希望能從容不迫好好休息。可是不只外食族買的便當常是重口味的刺激性料理，連自己帶的便當，也常為方便而使用冷凍食品，長期下來，不但胃腸不適，身心也因吃多了刺激性食物，而變得焦躁不安，無法透過飲食恢復活力。因此，我希望能設計出讓人身心都得到營養滋養的便當，容易消化吸收，餐後保持平靜舒適的心情，吃得輕鬆無負擔。

為了改變大家認為素食便當，口味很單一，不容易吃飽的擔憂，所以我特別設計豐富多元的便當組合，讓大家既可以嘗到懷念的古早味，嘗到創意的世界風料理，且更努力提供多種穀米的便當與全新的主食料理，讓大家對素食便當能有新的驚喜。

特別是近年來國內稻米產量過剩，政府常舉辦米食推廣活動，希望國人多吃自產的稻米，讓我心裡感觸良多，希望也能為此盡一份心力。提到米飯，很多人可能只想到白米，其實米的種類很多，用蓬萊米、在來米、糯米所做的米穀粉，可變化出的美味料理之多，遠遠超乎一般人的想像。因此，我在本書內，除運用多種穀類與豆類做為主食，並利用米穀粉設計了牛蒡排、南瓜排、米丸子、芋柳，讓大家可以學會自製健康養生的的素排、素丸子。

我常應邀製作素食便當，法會經常會有數百或數千個便當的需求，齋僧大會則更多達上萬個，雖然烹調時間很緊湊，但我希望提供最天然健康的便當，所以會用心採用米穀粉自製素排、素丸等料理，讓大家感受到素食便當只要多用一點心，就可以如此千變萬化。以純淨飲食供養大眾，讓大家吃得平安法喜，是我的一大心願。

自己帶便當最安心

在我的烹飪教學課程裡，常有學生們因要為家人準備便當，要我教他們如何做健康營養的便當。他們不忍心家人當外食族，經常吃得油膩又不合胃口，所以決定幫家人動手做便當。也有原本非素食者的學生，為響應週一無肉日，想要帶素食便當，卻不知如何製作完全使用天然食材的便當。

特別是現在的飲食問題頻亮紅燈，塑化劑、毒澱粉、假油……，面對如此多的有毒食品，不知還能吃什麼？便當店的重口味便當，總讓人吃得不安心，不知食材安不安全？花錢也買不到健康保障，我覺得這是現代人的無奈，希望透過本書，提供大家能自己動手做安心便當的方法。

以前人食用素食便當，通常都是由於宗教信仰的關係，近年來則有愈來愈多人為了支持環保與身體健康，也會在挑選便當種類時，考慮選擇素食便當，甚至自己準備素食便當。自己動手做便當，不但最經濟省錢，而且能選擇新鮮食材，為自己的健康把關，烹調自己喜好的口味，何樂而不為？

在此，也要深深感謝法鼓文化的出版團隊強力支持，以及一群不畏勞苦的學員，願意無私為推廣健康素食而努力，協助完成製作素食便當食譜這項不容易的任務。小小的便當盒，看似容量不大，但其實裝滿了無數顆推廣健康素食的願心。

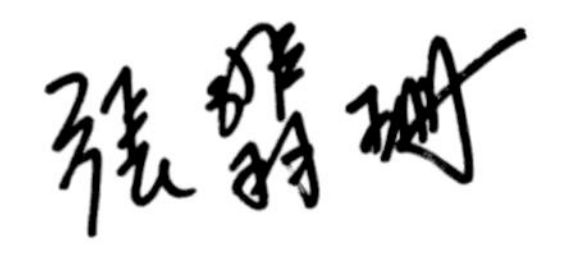

目錄

contents

上班族營養便當

chapter 1

chapter 2 古早味 招牌便當

chapter 3 輕鬆煮 即食便當

chapter 4 世界風 創意便當

Part 1 便當的由來

便當又稱飯盒、餐盒、飯包，是指盛裝食物的盒裝餐食，功能為方便攜帶食用。很多人以為便當文化是源自日本，其實中國自古即有屬於自己的便當文化。

由食盒演變而成

中國的飯盒是由食盒逐漸演變而成。食盒原是古人出門訪友或參加詩文聚會時，所準備的盛裝菜餚點心的長形抬盒，製作精美，典雅美觀。為方便携帶行走，食盒發展到後來，便被更加輕便的飯盒取代。

而在日本也有類似的精巧食盒，稱為「提重」。為滿足日本古代諸侯領主的飲食需求，可同時收納多種食物點心與飲品的食盒提籃，變得不可或缺。提重後來逐漸演變為一般百姓的多層提盒式便當盒，少了金碧輝煌的蒔繪巧工，變得更為樸素實用。

便當名稱由來

「便當」一詞源自中國古代的俗語，意指便利、方便的東西，後來傳入日本，成為「便道」、「辨道」、「辨當」，最後變成「弁当」一詞。

日本戰國時代大名武家織田信長，在戰時為方便發放食物給眾多的人，所以將食物裝入簡單的器皿內，後來便稱此簡單器皿為「弁当」，意有「解決當下」的意思。臺灣習慣稱飯盒為「便當」，則是在日據時代受日本影響而致。

鐵路便當帶動風潮

鐵路便當是極具特色的便當文化，是為方便旅客食用，而在火車站站內或車廂上販售的飯盒。日本最早的鐵路便當，原本只是簡單的飯糰，隨著日本的鐵路網遍布全國，各地車站紛紛開發當地特產，以風味獨特的鄉土料理吸引旅客，如一九七八年的鐵路便當調查，種類即已多達一千八百多種。至於臺灣的鐵路便當，原本也只供應簡單的菜飯，後來也逐漸發展出多種特色便當，帶動了鐵路便當風潮。

全球正流行自己帶便當

許多國家都有自己的便當特色，例如印度甚至有專門幫家庭送便當給家人的「便當快遞」。由於全球經濟不景氣，許多外食族都改為自備午餐盒，帶便當正流行於辦公室，歐美國家如義大利，已有三成以上的上班族自備午餐盒。日本的男性外食族在改帶便當後，產生「便當男子」流行語，會做飯的男生被視為具帥氣魅力。「部落格便當」更因大量轉寄分享，大為風行，每天挑戰新便當食譜，讓人更有活力！

便當預算也許受限，但創意可以無限，美國有公司發起幫同事準備便當的活動，也許我們也可透過「交換便當」的活動，交流同事感情與合作默契。相信未來，全球會有更新一波帶便當大熱潮呢！

本書使用計量單位

- 1杯＝150cc（ml）＝150公克
- 1大匙（湯匙）＝15cc（ml）＝15公克
- 1小匙（茶匙）＝5cc（ml）＝5公克

Part 2

設計便當菜要領

設計素食便當菜很難嗎？只要掌握一些訣竅，你會覺得設計便當是非常有趣的創作喔！每天都有源源不絕的靈感，想要試做新菜，讓家人大飽口福！

營養要均衡

帶便當的目的，除了方便省錢，最主要是可確保飲食健康營養。食物的種類要注意營養均衡，五穀雜糧類、蔬菜類、水果類、根莖類、豆製品、油脂堅果類可提供身體不同的營養素來源。外食族不易攝取均衡的營養，可透過帶便當的方式，照顧身體的營養需求，並活用不同烹調變化，讓便當健康又美味。

確定主食、主菜與配菜

便當通常以白飯為主食，設計一個主菜，再搭配兩或三個配菜。為讓大家吃得更健康，本書特別在白飯外，運用五穀雜糧與加味飯，設計能自由搭配的主食，如五穀飯、黃豆糙米飯、腰果飯、牛蒡飯、鮮菇飯、上海菜飯、絕代雙椒炒飯，並特製燕麥棗、味噌米丸子、南瓜米漢堡等米製品主食。除了米飯，也可以麵食為主食，做更多元的變化，如義大利麵、烏龍麵、麵線、口袋餅、印度餅。

很多人覺得素食便當不易有飽足感，所以在設計主菜時，可選用澱粉質豐富的根莖類食材，如南瓜、地瓜、芋頭、馬鈴薯，都能讓人有飽足感。自己運用根莖類或豆製品製作主菜，如豆包排、馬鈴薯排等，不但可自己調整喜愛的口味，也能自由變化食材組合。

選用新鮮的當令食材

為確保身體健康，要盡量多吃天然食物。選購便當食材的原則為：善用天然、當季、當地的新鮮食材，學習全食物健康飲食，食材最好全部都可以食用，如南瓜、苦瓜、白蘿蔔。

由於便當菜回蒸後，蔬菜容易變色，影響食欲，所以在設計便當菜時，要選用不易變色的蔬菜，如白花椰菜、綠花椰菜、高麗菜。

口味豐富多變

開胃的便當，能讓人胃口佳，補充體力，恢復活力。通常便當因有回蒸需求，味道會變淡，所以主菜調味要略微加重，如採用油煎、滷煮、紅燒等方法。但在鹹味為主的便當菜外，可適度增加一些辣味、酸甜味的配菜，讓便當口味更加豐富美味。料理的方法可煎、煮、炒、蒸、汆燙，靈活運用變化。

Part 3 便當盒種類

現代便當盒種類五花八門，不只材質不斷推陳出新，更因應現代科技發達，增加許多便利的新功能，可就帶便當的需求做挑選。

便當盒的材質，通常分為金屬與塑膠兩類，也有人喜歡使用木製、竹製、陶製、珐瑯製、玻璃製……等材質。如何挑選便當盒的適用材質呢？要先確認便當是冷食或熱食便當，如果是熱食便當，加熱的方式為何，都是需要考量的。

以下簡介幾種便當盒：

不鏽鋼便當盒

不鏽鋼便當盒的優點是不易生鏽，堅固耐用、耐高溫，清洗容易，不殘留食物氣味，所以成為最普及使用的「國民便當盒」。不鏽鋼便當盒裝盛冷食或熱食皆可，適用於電鍋、蒸鍋加熱。挑選不鏽鋼便當盒時，建議選用信譽佳的品牌，並要檢查扣環是否牢靠不鬆脫。

塑膠便當盒

塑膠便當盒的優點是輕便，款式豐富多變，但是不易清洗，容易殘留食物氣味。塑膠便當盒要選用無危害健康成分的優質產品，以確保健康。近年有可耐高溫的矽膠製蒸煮盒，安全性高，但是售價也較高。

保溫便當盒

保溫便當盒常採用高真空保溫方式，能保溫數小時，所以辦公室如無法提供加熱便當的服務，使用保溫便當盒是一個方便選擇。保溫便當盒的食物要在保溫時限內食用，以免敗壞。輕便的保溫便當盒，也很適合外出活動時使用，有單層、雙層、多層等多種選擇。如希望盛裝湯品或粥品，可選用密封度良好的燜燒罐。

善用便當袋

如要強化保溫或保冷功能，也可使用多功能保溫保冷便當袋，省電又方便。保冷便當盒因附有保冷劑，所以讓便當盒具有保冷功能，能突破傳統便當無法保冷的缺點。保冷便當盒適合帶三明治、生菜沙拉等西式餐點，或壽司、涼麵等冷食餐點。

挑選便當盒材質時，還可留意便當盒的分隔設計。飯菜分離的分隔設計，可分離乾濕食物，避免不同菜餚味道混雜，並可享用不被配菜湯汁浸潤的米飯。便當盒的分隔設計很多元，有單層加隔板的設計，也有雙層、多層便當盒的設計，可就需求做選擇。

Part 4

健康便當技法要領

製作便當與料理家常菜，有什麼不同嗎？由於臺灣人習慣吃熱便當，通常需要回蒸加熱便當，所以有些烹調方式便不適用於便當。

本書希望透過製作健康素食便當的機會，與讀者同時分享一些健康烹調要領。傳統的烹調方式，習慣大火快炒的重口味料理，過度的製作烹調，使得便當菜變得油膩，不只料理時油煙多，清洗飯盒也讓人常感困擾。便當菜的健康烹調方法，不宜使用繁複的過度烹調，添加過多調味料，宜採用簡便省時的料理方式，以能品嘗食物美好原味為原則。

冷鍋冷油代替熱鍋熱油

很多家庭主婦為照顧家人健康，不惜成本採買很多高價的營養食材，但是如果沒有使用正確的烹調方法，反而會讓食材流失營養，甚至在廚房料理時，也會危及自身的健康。

例如每一種油都有燃煙點，油溫過高，會讓油變質，所以建議改變傳統熱鍋熱油的料理習慣，練習冷鍋倒入油，再開火加熱，可保油質不變化，不破壞優質食材的營養成分，並減少廚房油煙，輕鬆愉快做便當。

健康料理技法

料理的技法繁多，過度的煎、煮、炒、炸，不一定能增加便當的美味，反而讓人食不下嚥，因為回蒸後可能會走味。最好的做法，是在料理前，先選擇適合便當回蒸需求的烹調法，並以能吃出食材原味為要領。

以下是一些便當料理技法建議：

一、清蒸健康省力：

清蒸可保留食物原味，讓營養不流失。善用電鍋與蒸鍋，可輕鬆準備便當菜。但是在清蒸根莖類食材要留意刀工，如南瓜、地瓜、芋頭等，蒸過後會變鬆散，所以不宜切得太小塊。

二、水炒快速省油：

以水代油的健康烹調法，可減少攝取過多的油量。方法為冷鍋冷油，開火爆香薑後，以水代替油拌炒至熟即可。但要留意便當菜不適合太多湯汁與做勾芡，會讓米飯變得太濕軟，口感不佳。如果想帶湯品或醬汁，要另外準備密封盒。

三、油煎代替油炸：

便當菜餚不適合油炸，因為加熱後會失去脆度，口感不佳，油味難聞。建議可以油煎代替油炸，使用平底鍋，開小火，將食材慢慢煎熟。堅果類食材，如花生、腰果等，則適合小火慢炒或低溫烘焙，不要使用油炸方式。

四、滷製方便節能：

滷味是常見的開胃便當菜，健康的做法是採用冷鍋冷油，先加入薑、八角……等滷汁材料，再開小火，煮至出味後，以糖、醬油調味，待糖溶解後，再加入要滷製的食材，略滾後，轉中火煮15分鐘，即可關火，以浸泡的方式入味。

五、汆燙天然美味：

汆燙是避免過度烹調的健康料理方式。便當菜的汆燙菜，可回蒸加熱，也可改做另外裝盒的涼拌菜。汆燙的方法很簡單，滾水燙菜後，淋上適量調味料拌勻，或另將淋醬裝盒。

掌握這些健康的烹調方法，就能讓便當營養美味，健康無負擔。

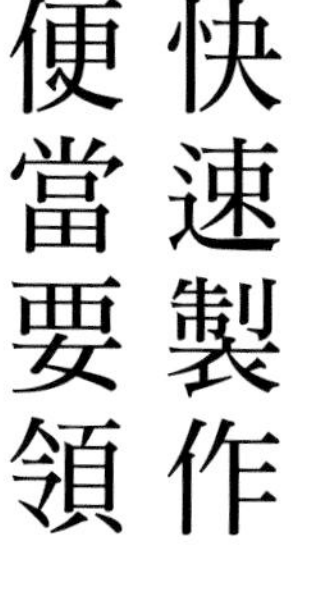

Part 5 快速製作便當要領

現代人的生活忙碌，製作料理的時間也因此很有限，所以本書提供一些可以縮短料理時間的方法，希望讓大家能有更多時間用於陪伴家人一起用餐，或是節省出更多的休息時間。

一道料理完成一個便當

在分身乏術的情況下，最快速做便當的方法，就是一次只要做一道菜，就能完成便當。因此，本書特別設計即食便當，帶便當的當天早上快速完成料理後，可直接帶便當，甚至不用回蒸，冷食也很美味。

除了炒飯，炒麵、炒餅、炒米粉、炒冬粉、炒年糕，都是能讓人有飽足感的料理，不需要再加做配菜。捲餅、飯糰、三明治等不同省時料理，都是能快速簡單完成，並可自由變化喜歡的食材，讓準備便當變得更無拘無束而有趣。

提前設計一週的菜單

每天都要發想菜單，對有些人來說是很傷神的事。可利用時間較充裕的週休二日，提早發想一週的菜單，以及準備採買的當令新鮮食材。雖然多花了一點時間做構思，但是卻可大為減少料理時間，並透過大量採買省錢。

由於已預先想好便當食材，所以採買的一些食材，可先一起清洗乾淨，甚至一起切塊、汆燙，瀝乾水分，放涼後放入密封袋冷凍保存，使用前再取出退冰即可，如綠花椰菜、白花椰菜、竹筍、紅蘿蔔。

製作較費時的醬汁或料理，也可利用假日先製作好，放入密封袋冷凍保存。需要發泡的乾貨，如香菇、栗子，也可如此處理。五穀雜糧則可在上班前一晚預先泡好，或是先將白飯一次煮好，用保鮮膜包覆或放入密封袋冷凍保存。

縮短料理時間的技法

現代的烹飪道具種類多元，但要快速完成便當菜，炒鍋與電鍋還是省力方便。

炒鍋可快速完成數道熱炒菜，電鍋可一鍋多用，飯、菜同步完成。

便當菜的烹調方法，應方便實用，所以不宜使用過多精工的繁複步驟，盡量用清蒸、水煮、熱炒或油煎。除料理的製作方式不要太複雜，切菜的刀工也不要過細，用塊、條、片等刀工為佳，如此會更省時。如是醃漬品，可提前完成醃漬入味。

快速製作便當的方法很多，但最重要的還是如同聖嚴法師所說的：「工作要趕不要急。」如此才能以輕鬆自在的心情，專注又快速地完成料理，讓製作便當與享用便當都是一樣愉快的事。

Part 6 盛裝便當要領

有些人的便當一打開，總是讓大家羨慕不已，但也有些人的便當，會讓人不忍卒睹。盛裝便當看似小事，但只要多用點心，就可讓便當美味加分，並確保衛生健康。

冷食與熱食要分開

準備便當菜，選用新鮮食材做料理，是最基本的健康觀念，接著便是如何保持便當菜的新鮮度。料理時要注意衛生，生食與熟食要分開處理，以避免交叉污染，在盛裝時也是一樣，生食與熟食、冷食與熱食也要分開處理，這樣才能安心食用。如生食的沙拉與冷食的涼拌菜，帶便當時就需另外裝盒。

靜置放涼再盛裝

熱飯、熱菜如果馬上用便當盒蓋燜住，水氣會無法蒸發，而發酸腐臭，所以要完全放涼，瀝乾湯汁水分後再裝盒，蓋上便當盒盒蓋後，才不會變質。讓飯、菜降溫的容器，宜選用方便散熱的盤子，不要將菜留在電鍋、湯鍋或炒鍋內冷卻。

盛裝的順序

盛裝便當的順序，通常會先將做為主食的飯或麵鋪在底層，或是用隔板與菜隔開。要先放入體積大的主菜，固定好位置，再放入其他配菜。

在盛裝配菜時，要留意菜的風味是否差異大，可用隔板或分裝盒避免味道混在一起。如果是冷食便當，可運用生菜的菜葉代替隔板。

便當的飯與菜比例，可就個人食量做調整，通常單層便當盒的飯與菜比例為4比6，或各占一半。如果選用雙層、多層便當盒，則可飯菜分開盛裝配帶。

盛裝好便當菜後，白飯上可再撒上黑芝麻、白芝麻、海苔片、三寶粉、甜菜根粉或香鬆，讓便當看起來更可口。

湯品、水果與點心

如果想帶湯品、水果與點心，湯品可使用密封的便當盒，水果與點心可另外裝盒。飯糰也有專門盛裝飯糰的小巧便當盒可選用。如果是冷食便當或涼點，可用保冷便當袋或保冷便當盒。隨著現代便當盒的種類增多，盛裝便當的方法也更自由多變，甚至有可愛的便當模具，能快速完成多彩多姿的造型便當，可就所需挑選。

上班族營養便當

Healthy
Lunch Box Ideas :
Yummy
Veggie Recipes!

1
chapter

01

上班族營養便當

咖哩鮮筍飯

便當內容＋
咖哩鮮筍飯
柳松菇炒綠花椰
滷腰果

美味小提醒

- 飯熟後勿急著盛飯，待電鍋開關跳起，先燜10分鐘，打開鍋蓋把飯拌勻，再燜10分鐘，會更美味。
- 滷腰果時，八角、糖、醬油要先用小火炒至出味，然後再滷煮，香氣較濃郁。

咖哩鮮筍飯

材料

胚芽米2杯、麻竹筍50公克、紅蘿蔔30公克、玉米粒30公克、青椒50公克

調味料

沙拉油1大匙、咖哩粉1大匙、鹽少許

做法

1. 胚芽米洗淨；麻竹筍洗淨，切丁，以滾水汆燙；紅蘿蔔洗淨去皮，切丁；玉米粒洗淨；青椒洗淨去子，切丁，以滾水汆燙，備用。
2. 冷鍋倒入沙拉油，開小火，炒香麻竹筍丁、紅蘿蔔丁，加入胚芽米、咖哩粉拌炒，即可盛入電鍋內鍋，加入玉米粒，倒入2杯水，加入鹽，移入電鍋蒸熟。
3. 電鍋開關跳起後，燜10分鐘，打開鍋蓋，將飯和菜拌鬆，拌入青椒丁，再蓋上鍋蓋燜一下即可。

柳松菇炒綠花椰

材料

柳松菇100公克、綠花椰菜100公克、紅椒30公克、銀杏30公克、薑5公克

調味料

沙拉油2小匙、鹽¼小匙、糖少許、香油少許

做法

1. 柳松菇洗淨，切段；綠花椰菜洗淨，切小朵，以滾水燙熟；紅椒洗淨去子，切片；銀杏洗淨，以滾水燙熟；薑洗淨去皮，切片，備用。
2. 冷鍋倒入沙拉油，開中火，爆香薑片，先加入柳松菇段，再加入綠花椰菜、銀杏，以鹽、糖調味，再加入紅椒片炒熟，淋上香油，即可起鍋。

滷腰果

材料

腰果200公克、蒟蒻100公克、紅蘿蔔60公克、薑5公克、紅辣椒1條

調味料

沙拉油2小匙、八角2粒、糖¼小匙、醬油1大匙、黑胡椒粒¼小匙、甘草1片

做法

1. 腰果洗淨；蒟蒻洗淨，切小塊；紅蘿蔔洗淨去皮，切塊；薑洗淨去皮，切片；紅辣椒洗淨，切片，備用。
2. 冷鍋倒入沙拉油，開小火，爆香薑片、八角，加糖拌炒，再加入醬油煮滾。
3. 加入蒟蒻塊、紅蘿蔔塊，炒至上色，倒入2杯熱水，加入腰果，撒上黑胡椒粒，再加入甘草、紅辣椒片煮滾，繼續煮15分鐘，即可關火，燜置30分鐘入味，即可起鍋。

02

上班族營養便當

鮮菇飯便當

便當內容＋
鮮菇飯
醬燒大黃瓜
味噌地瓜

美味小提醒

- 煮飯的米與水比例很重要。通常白米與水的比例是1：1，煮糙米需增加⅓杯水，煮黑糯米需增加¼杯水。加鹽可讓飯口感彈牙，滴油可讓飯粒粒分明。
- 菇類食材在烹煮時會出水，所以鮮菇飯加水量原為2⅔杯，減少為2⅓杯水。鮮菇飯要選用耐煮的新鮮菇類，如杏鮑菇、白平菇、猴頭菇、香菇等。

鮮菇飯

材料　糙米2杯、柳松菇200公克、薑10公克、枸杞10公克

調味料　鹽¼小匙、沙拉油¼小匙

做法

1. 糙米洗淨，用2⅓杯水浸泡6小時，備用。
2. 柳松菇洗淨，切段；薑洗淨去皮，切絲；枸杞泡開。
3. 糙米連同泡米水一起倒入電鍋內鍋，加入柳松菇段、薑絲，再加入鹽、沙拉油，移入電鍋蒸熟。
4. 電鍋開關跳起後，燜10分鐘，打開鍋蓋，撒上枸杞，將飯和菜拌鬆，再蓋上鍋蓋燜一下即可。

醬燒大黃瓜

材料　大黃瓜100公克、豆干80公克、紅蘿蔔50公克、薑5公克

調味料　沙拉油2小匙、醬油1大匙、鹽¼小匙、糖¼小匙

做法

1. 大黃瓜洗淨去皮、去子，切塊；豆干洗淨，切丁；紅蘿蔔洗淨去皮，切丁；薑洗淨去皮，切片，備用。
2. 冷鍋倒入沙拉油，開中火，爆香薑片，加入豆干丁、紅蘿蔔丁，淋上醬油炒至上色，倒入⅓杯熱水，以鹽、糖調味，加入大黃瓜塊，繼續煮5分鐘，即可關火，燜置20分鐘入味，即可起鍋。

味噌地瓜

材料　地瓜150公克、米味噌1大匙

調味料　沙拉油2小匙、糖¼小匙

做法

1. 地瓜洗淨去皮，切片；取一個碗，加入米味噌，倒入⅓杯水，攪拌均勻成味噌醬汁，備用。
2. 冷鍋倒入沙拉油，開中火，加入地瓜片煎香，倒入1⅓杯水煮滾，轉小火，蓋上鍋蓋，燜煮5分鐘，打開鍋蓋，倒入味噌醬汁，加糖攪拌均勻，繼續煮5分鐘，煮至收汁，即可起鍋。

03

上班族營養便當

五穀飯便當

便當內容＋
五穀飯
彩椒黑豆干
番茄炒菇

美味小提醒

- 五穀飯便當只採用4種穀米，是因穀米配方種類太多，會嘗不出米香。選用小麥是為增加口感。五穀飯特色在於煮出的米飯粒粒分明，在挑選組合配方時，宜避免加入煮熟後會軟黏的食材，如小米、蕎麥、紅扁豆、綠扁豆。
- 彩椒黑豆干、番茄炒菇在熱炒時加水，是以水代替油的健康炒菜法，可減少用油量，但番茄勿炒得軟爛多汁，因為回蒸的便當菜不宜湯汁過多。

五穀飯

材料　黑糯米¼杯、薏仁½杯、小麥½杯、糙米2杯

調味料　鹽¼小匙、沙拉油¼小匙

做法

1. 黑糯米、薏仁、小麥、糙米洗淨，一起用4杯水浸泡6小時，備用。
2. 黑糯米、薏仁、小麥、糙米連同泡米水一起倒入電鍋內鍋，加入鹽、沙拉油，移入電鍋蒸熟。
3. 電鍋開關跳起後，燜10分鐘，打開鍋蓋，將飯拌鬆，再蓋上鍋蓋燜一下即可。

彩椒黑豆干

材料　黑豆干150公克、青椒15公克、黃椒15公克、薑5公克

調味料　沙拉油2小匙、醬油1大匙、鹽¼小匙、香油少許

做法

1. 黑豆干洗淨，切片；青椒、黃椒洗淨去子，切片；薑洗淨去皮，切片，備用。
2. 冷鍋倒入沙拉油，開中火，爆香薑片，加入黑豆干片煎香，煎至兩面呈金黃色，淋上醬油炒至上色，以鹽調味，倒入⅓杯熱水煮滾。
3. 黑豆干片燒至入味收汁，加入青椒片、黃椒片拌炒，淋上香油，即可起鍋。

番茄炒菇

材料　番茄200公克、新鮮香菇50公克、西洋芹30公克、薑5公克

調味料　沙拉油1小匙、鹽¼小匙、糖¼小匙、香油少許

做法

1. 番茄洗淨，切片；新鮮香菇洗淨，切片；西洋芹洗淨，剝除粗絲，切片；薑洗淨去皮，切片，備用。
2. 冷鍋倒入沙拉油，開中火，爆香薑片，加入香菇片炒熟，再加入番茄片，倒入⅓杯熱水，以鹽、糖調味，拌入西洋芹片炒熟，淋上香油，即可起鍋。

04

上班族營養便當

黃豆糙米飯

便當內容＋
黃豆糙米飯
鑲豆腐
香煎南瓜
芹菜炒蒟蒻

美味小提醒

- 黃豆糙米飯又稱「天下第一飯」，因為植物性蛋白質不易搭配完整，需要同時有穀類與豆類食材，而黃豆糙米飯能讓人完整吸收優質植物性蛋白質。在植物性蛋白質營養搭配上，也可選用五穀飯加雜豆一類的組合，但仍以黃豆糙米飯的搭配最簡單方便，營養價值高。
- 黃豆要先蒸過，口感才會鬆軟。
- 鑲豆腐沾抹太白粉可增加黏著力，防止餡料散落。淋上醬油除為讓豆腐上色，並可增加風味。

黃豆糙米飯

材料

黃豆½杯、糙米2杯

調味料

鹽少許、沙拉油少許

做法

1. 黃豆洗淨，用2杯水浸泡6小時，瀝乾水分；糙米洗淨，用2⅔杯水浸泡6小時，備用。
2. 黃豆移入電鍋乾蒸，蒸熟後，糙米連同泡米水一起倒入電鍋內鍋，加入鹽、沙拉油，一起蒸熟。
3. 電鍋開關跳起後，燜10分鐘，打開鍋蓋，將飯拌鬆，再蓋上鍋蓋燜一下即可。

鑲豆腐

材料

板豆腐200公克、馬鈴薯100公克、豆薯30公克
紅蘿蔔10公克、青豆仁4粒

調味料

鹽½小匙、糖¼小匙、白胡椒粉少許
太白粉少許、醬油1大匙

做法

1. 板豆腐洗淨，以紙巾吸乾水分，切3立方公分塊；馬鈴薯洗淨去皮，切片，蒸熟壓泥；豆薯洗淨去皮，切末；紅蘿蔔洗淨去皮，切末；青豆仁洗淨，以滾水燙熟，備用。
2. 取一個碗，加入馬鈴薯泥、豆薯末、紅蘿蔔末，以鹽、糖、白胡椒粉調味，攪拌均勻，即是餡料。
3. 豆腐塊中間挖洞，洞裡先沾抹太白粉，再填入餡料，淋上醬油，放入蒸鍋，蒸10分鐘，即可取出盛盤。
4. 鑲豆腐以青豆仁做裝飾即可。

香煎南瓜

材料

南瓜100公克

調味料

鹽2小匙、白胡椒粉1小匙、沙拉油2大匙

做法

1. 南瓜洗淨去皮、去子，切塊，備用。
2. 取一個碗，加入鹽、白胡椒粉，攪拌均勻，即是胡椒鹽。
3. 取一平底鍋，冷鍋倒入沙拉油，開中火，加入南瓜塊，慢慢煎至兩面呈金黃色，趁熱撒上胡椒鹽，即可起鍋。

芹菜炒蒟蒻

材料

西洋芹100公克、蒟蒻80公克、紅椒30公克、薑5公克

調味料

沙拉油1小匙、醬油1大匙、鹽少許、糖¼小匙

做法

1. 西洋芹洗淨，剝除粗絲，斜刀切片；蒟蒻洗淨，切片，在中間劃刀，把蒟蒻片反穿過刀縫，做成麻花狀；紅椒洗淨去子，切片；薑洗淨去皮，切片，備用。
2. 冷鍋倒入沙拉油，開中火，爆香薑片，加入蒟蒻片，淋上醬油炒至上色，加入西洋芹片、紅椒片，以鹽、糖調味，拌炒至熟，即可起鍋。

05

上班族營養便當

芋薑飯甜椒盅

便當內容＋

- 芋薑飯甜椒盅
- 迷迭香杏鮑菇
- 洋菇花椰溫沙拉

美味小提醒

- 胚芽米與水的比例是1：1，芋頭蒸熟後會吸水，所以芋薑飯的水量要多加⅓杯水。芋薑飯不必炒熟，只要與其他食材拌勻，炒至上色即可。如希望香氣更濃，可加入乾香菇末拌炒。芋薑飯保暖功能強，如在冬季煮芋薑飯，可增加薑末用量。
- 製作根莖類米飯料理，根莖類食材不能切得太小塊，以免蒸熟後，容易攪拌碎爛。

芋薑飯甜椒盅

材料　**胚芽米2杯、芋頭200公克、薑60公克、紅椒2個**

調味料　**沙拉油1大匙、醬油1大匙**

做法

1. 胚芽米洗淨；芋頭洗淨去皮，切塊；薑洗淨去皮，切末；紅椒洗淨，至蒂頭¼處橫切，去子，備用。
2. 冷鍋倒入沙拉油，開中火，爆香薑末，加入芋頭塊、胚芽米拌炒，炒乾水分，以醬油調味，炒至上色，即可盛入電鍋內鍋，加入2 ⅓杯水，移入電鍋蒸熟。
3. 電鍋開關跳起後，燜10分鐘，打開鍋蓋，將飯拌鬆，再蓋上鍋蓋燜一下。
4. 將芋薑飯填入紅椒盅，用蒸鍋蒸5分鐘即可。

迷迭香杏鮑菇

材料　**杏鮑菇100公克、迷迭香20公克**

調味料　**沙拉油2小匙、鹽½小匙、黑胡椒粒½小匙**

做法

1. 杏鮑菇洗淨，切圓段；迷迭香洗淨，切碎，瀝乾水分，備用。
2. 取一平底鍋，倒入沙拉油，開中小火，加入杏鮑菇段，煎至雙面微焦，以鹽調味，撒上黑胡椒粒拌勻，加入迷迭香碎炒香，即可起鍋。

洋菇花椰溫沙拉

材料　**洋菇50公克、綠花椰菜100公克、小番茄50公克、薑5公克**

調味料　**沙拉油2小匙、鹽1小匙、糖¼小匙**

薄荷醬　**薄荷葉5公克、橄欖油2大匙、紅醋1大匙、鹽少許**

做法

1. 洋菇洗淨；綠花椰菜洗淨，切小朵，以滾水汆燙；小番茄洗淨，對剖；薄荷葉洗淨，擦乾，切末；薑洗淨去皮，切末，備用。
2. 取一個碗，加入全部薄荷醬材料，攪拌均勻，即是薄荷醬。
3. 冷鍋倒入沙拉油，開中火，爆香薑末，倒入½杯熱水、鹽、糖煮滾，加入洋菇拌炒，炒至入味收汁，起鍋放涼。
4. 取一個碗，加入洋菇、綠花椰菜、小番茄塊，淋上薄荷醬即可。

06

上班族營養便當

高麗菜飯便當

便當內容＋
- 高麗菜飯
- 香椿豆包
- 四季豆炒山藥

美味小提醒

- 高麗菜飯常易煮得過於軟爛，是因水量未測量好，忽略高麗菜在熱炒時會出水。高麗菜飯煮飯所需添加的水，改用2杯菜汁代替，如果菜汁不足2杯，再補入所需的水量。

高麗菜飯

材料　胚芽米2杯、高麗菜100公克、紅蘿蔔50公克、杏鮑菇50公克、薑10公克

調味料　沙拉油1小匙、鹽¼小匙、醬油1大匙

做法

1. 胚芽米洗淨；高麗菜洗淨，切片；紅蘿蔔洗淨去皮，切絲；杏鮑菇洗淨，切塊；薑洗淨去皮，切絲，備用。
2. 冷鍋倒入沙拉油，開小火，爆香薑絲，加入高麗菜片、紅蘿蔔絲、杏鮑菇塊，以鹽、醬油調味，炒熟即可關火，先取出2杯菜汁，再將熱菜盛入裝胚芽米的電鍋內鍋，倒入菜汁，移入電鍋蒸熟。
3. 電鍋開關跳起後，燜10分鐘，打開鍋蓋，將飯和菜拌鬆，再蓋上鍋蓋燜一下即可。

香椿豆包

材料　豆包150公克、薑5公克

調味料　沙拉油1小匙、香椿醬1小匙、鹽¼小匙、糖¼小匙

做法

1. 豆包洗淨，切小塊，煎至兩面呈金黃色；薑洗淨去皮，切片，備用。
2. 冷鍋倒入沙拉油，開中火，爆香薑片，以香椿醬、鹽、糖調味，加入1/3杯熱水煮滾，再加入豆包塊，煮至入味，即可起鍋。

四季豆炒山藥

材料　四季豆100公克、日本山藥80公克、紅椒30公克、薑5公克

調味料　香油2小匙、鹽¼小匙、白胡椒粉少許

做法

1. 四季豆洗淨，切段；日本山藥去皮，切條；紅椒去皮、去子，切條；薑洗淨去皮，切絲，備用。
2. 冷鍋倒入香油，開中火，爆香薑絲，加入四季豆段、日本山藥條、紅椒條，以鹽、白胡椒粉調味，拌炒至熟，即可起鍋。

01

上班族營養便當

蓮香飯

便當內容+

蓮香飯
紅燒栗子
香煎蔬菜餅
炒胡瓜

美味小提醒

- 蓮香飯中的蓮藕要切片，不能切塊或切粒，因為煮飯的時間短，切片較易熟。
- 栗子因含澱粉質，烹調的難度較高，未煮熟會堅硬難嚼食，煮過熟又容易碎裂。處理類似栗子、蒟蒻等不易入味的食材，建議可在烹調前一天先用滷汁浸泡，或用醬油加水調為簡便滷汁，讓食材變得容易入味。

蓮香飯

材料

糙米2杯、紅豆½杯、蓮藕80公克

調味料

鹽¼小匙、沙拉油¼小匙

做法

1. 糙米洗淨，用2 ⅔杯水浸泡6小時；紅豆洗淨，用2 杯水浸泡6小時，瀝乾水分，移入電鍋蒸熟，備用。
2. 蓮藕洗淨，切片。
3. 紅豆、糙米連同泡米水一起倒入電鍋內鍋，加入蓮藕片，再加入鹽、沙拉油，移入電鍋蒸熟。
4. 電鍋開關跳起後，燜10分鐘，打開鍋蓋，將飯和菜拌鬆，再蓋上鍋蓋燜一下即可。

紅燒栗子

材料

乾栗子80公克、紅棗20公克、洋菇50公克、薑5公克

調味料

沙拉油2小匙、醬油1大匙、糖½小匙

做法

1. 乾栗子洗淨泡開，蒸熟；紅棗洗淨泡開；洋菇洗淨，對剖；薑洗淨去皮，切片，備用。
2. 冷鍋倒入沙拉油，開中火，爆香薑片，加入栗子，以醬油、糖調味，炒至上色，倒入½杯熱水，加入洋菇塊、紅棗，煮至入味，即可起鍋。

香煎蔬菜餅

材料

豆包100公克、紅蘿蔔10公克、青江菜50公克、芹菜10公克、低筋麵粉50公克

調味料

鹽1小匙、糖¼小匙、白胡椒粉¼小匙、沙拉油1大匙

做法

1. 豆包洗淨，瀝乾水分，切末；紅蘿蔔洗淨去皮，切絲；青江菜洗淨，切絲；芹菜洗淨，切末，備用。
2. 取一個碗，加入豆包末、紅蘿蔔絲、青江菜絲、芹菜末、低筋麵粉，以鹽、糖、白胡椒粉調味，攪拌均勻，取60公克整成圓餅狀，即為蔬菜餅。
3. 冷鍋倒入沙拉油，開中火，加入蔬菜餅，煎至兩面呈金黃色，起鍋，切半盛盤。

炒胡瓜

材料

胡瓜150公克、紅蘿蔔40公克、秀珍菇70公克

調味料

沙拉油2小匙、鹽¼小匙、白胡椒粉少許

做法

1. 胡瓜洗淨去皮，切片；紅蘿蔔洗淨去皮，切片；秀珍菇洗淨，斜刀切片，備用。
2. 冷鍋倒入沙拉油，開中火，加入紅蘿蔔片、胡瓜片，以鹽、白胡椒粉調味，炒軟胡瓜片，再加入秀珍菇片炒熟，即可起鍋。

08

上班族營養便當

牛蒡飯

便當內容＋

牛蒡飯
糖醋馬鈴薯塊
涼拌豆干絲
扁豆炒菇

美味小提醒

- 牛蒡的纖維粗，切絲較易食用，所以建議牛蒡切絲，不要切條。牛蒡絲浸泡冷水可避免氧化變黑，浸泡後的水不要倒除，可代替水用於煮牛蒡飯，增加香氣，但是白飯會變成褐色。

牛蒡飯

材料

糙米2杯、牛蒡80公克、紅蘿蔔30公克、黑芝麻粒少許

調味料

鹽¼小匙、沙拉油¼小匙

做法

1. 糙米洗淨，用2 ⅔杯水浸泡6小時；牛蒡洗淨去皮，切絲；紅蘿蔔洗淨去皮，切絲，備用。
2. 糙米連同泡米水一起倒入電鍋內鍋，加入牛蒡絲、紅蘿蔔絲，再加入鹽、沙拉油，移入電鍋蒸熟。
3. 電鍋開關跳起後，燜10分鐘，打開鍋蓋，將飯和菜拌鬆，再蓋上鍋蓋燜一下。
4. 最後撒上黑芝麻粒即可。

涼拌豆干絲

材料

豆干100公克、小黃瓜30公克、紅蘿蔔30公克

調味料

鹽1¼小匙、糖¼小匙、香油少許

做法

1. 豆干洗淨，切絲；小黃瓜洗淨，切絲；紅蘿蔔洗淨去皮，切絲，備用。
2. 取一鍋，倒入3 ⅓杯水，先加入¼小匙鹽，再加入豆干絲，煮5分鐘即可撈起，再加入小黃瓜絲、紅蘿蔔絲煮1分鐘，即可撈起。
3. 取一個盤子，放上豆干絲、小黃瓜絲、紅蘿蔔絲，以1小匙鹽、糖、香油調味即可。

糖醋馬鈴薯塊

材料

馬鈴薯150公克、青椒30公克、鳳梨80公克

調味料

沙拉油2小匙、番茄醬1大匙、糖1小匙、糯米醋1小匙

做法

1. 馬鈴薯洗淨去皮，切塊，蒸軟；青椒洗淨去子，切片；鳳梨洗淨去皮，切片，備用。
2. 冷鍋倒入沙拉油，開中火，加入番茄醬、鳳梨片拌炒，以糖、糯米醋調味，加入馬鈴薯塊、青椒片拌炒均勻至熟，即可起鍋。

扁豆炒菇

材料

扁豆100公克、新鮮香菇30公克、薑5公克、紅辣椒1條

調味料

沙拉油2小匙、鹽¼小匙、糖少許、香油少許

做法

1. 扁豆洗淨，斜刀切段；新鮮香菇洗淨，切片；薑洗淨去皮，切片；紅辣椒洗淨去子，切片，備用。
2. 冷鍋倒入沙拉油，開中火，爆香薑片，炒香香菇片，加入扁豆片、紅辣椒片拌炒，以鹽、糖調味，淋上香油，即可起鍋。

上班族營養便當

昆布飯便

便當內容＋
昆布飯
三色毛豆
咖哩南瓜
佃煮牛蒡

美味小提醒

- 煮昆布飯，建議將昆布剪小片，以避免蓋過飯的香味。
- 佃煮是日式的傳統烹調方式，將調味料煮得濃稠，味道甜中帶鹹。

昆布飯

材料

糙米2杯、雞豆½杯、乾昆布10公克

調味料

鹽¼小匙、沙拉油¼小匙

做法

1. 糙米洗淨，用2⅔杯水浸泡6小時；雞豆洗淨，泡開，瀝乾水分，倒入電鍋內鍋，加水蓋過雞豆，放入電鍋蒸熟，備用。
2. 乾昆布用水浸泡10分鐘，剪1.5公分段。
3. 雞豆、糙米連同泡米水一起倒入電鍋內鍋，加入昆布段，再加入鹽、沙拉油，移入電鍋蒸熟。
4. 電鍋開關跳起後，燜10分鐘，打開鍋蓋，將飯拌鬆，再蓋上鍋蓋燜一下即可。

三色毛豆

材料

毛豆100公克、紅蘿蔔30公克、
玉米筍30公克、美白菇50公克

調味料

鹽¼小匙 、香油¼小匙、黑胡椒粒¼小匙

做法

1. 毛豆洗淨，以滾水燙熟，取出放入冷開水去皮；紅蘿蔔洗淨去皮，切丁，以滾水燙熟；玉米筍洗淨，切丁，以滾水燙熟；美白菇洗淨，切小段，以滾水燙熟，備用。
2. 取一碗，加入毛豆、紅蘿蔔丁、玉米筍丁、美白菇段，以鹽調味，淋上香油，撒上黑胡椒粒即可。

咖哩南瓜

材料

南瓜150公克、洋菇50公克、甜豆30公克

調味料

沙拉油2小匙、咖哩粉1大匙、糖¼小匙、鹽1小匙

做法

1. 南瓜洗淨，對剖去子，切塊；洋菇洗淨，對剖；甜豆洗淨切半，備用。
2. 冷鍋倒入⅔杯水與沙拉油，開中火，加入咖哩粉、南瓜塊煮熟，以糖、鹽調味，蓋上鍋蓋，再加入洋菇塊、甜豆片煮熟，即可起鍋。

佃煮牛蒡

材料

牛蒡100公克、紅蘿蔔30公克

調味料

沙拉油2小匙、糖½小匙、醬油膏1大匙

做法

1. 牛蒡用菜瓜布搓洗乾淨，切絲；紅蘿蔔洗淨去皮，切絲，備用。
2. 冷鍋倒入沙拉油，開中火，加入牛蒡絲、紅蘿蔔絲，炒至微乾，以糖、醬油膏調味，倒入½杯熱水，蓋上鍋蓋，煮至收汁，即可起鍋。

10

上班族營養便當

腰果飯

便當

便當內容＋
腰果飯
番茄芙蓉
紅燒海帶結
秋葵炒金針菇

美味小提醒

- 用電鍋煮薏仁時，薏仁與水的比例是1：1。
- 腰果如因保存過久而有油耗味，可用水煮熟，消除異味，如果方法無效，建議不要食用。消除油耗味後的腰果，也可用於煮大黃瓜湯與冬瓜湯。

腰果飯

材料

糙米2杯、腰果1杯、薏仁½杯、青豆仁½杯

調味料

鹽¼小匙、沙拉油¼小匙

做法

1. 糙米、薏仁洗淨，用3杯水浸泡6小時，備用。
2. 青豆仁洗淨，用滾水燙熟；腰果洗淨。
3. 糙米、薏仁連同泡米水一起倒入電鍋內鍋，加入青豆仁、腰果，再加入鹽、沙拉油，移入電鍋蒸熟。
4. 電鍋開關跳起後，燜10分鐘，打開鍋蓋將飯拌鬆，再蓋上鍋蓋燜一下即可。

番茄芙蓉

材料

牛番茄100公克、豆包80公克、芹菜葉10公克

調味料

沙拉油1小匙、香油¼小匙、番茄醬1大匙、鹽¼小匙、糖1小匙

做法

1. 牛番茄洗淨，切塊；豆包洗淨；芹菜葉洗淨，備用。
2. 冷鍋倒入沙拉油，加入豆包，煎至兩面呈金黃色，即可取出，撕片。
3. 冷鍋倒入香油，開中火，先加入番茄醬，再加入番茄塊拌炒，以鹽、糖調味，加上豆包片拌炒，撒上芹菜葉，即可起鍋。

紅燒海帶結

材料

海帶結100公克、薑10公克、九層塔10公克、紅辣椒1條

調味料

沙拉油2小匙、糖¼小匙、醬油1大匙、香油1小匙

做法

1. 海帶結洗淨；薑洗淨去皮，切片；九層塔洗淨；紅辣椒洗淨，斜刀切片，備用。
2. 冷鍋倒入沙拉油，開中火，爆香薑片，加入海帶結，倒入⅓杯熱水，以糖、醬油調味，再加入九層塔、紅辣椒片拌炒，淋上香油，即可起鍋。

秋葵炒金針菇

材料

秋葵150公克、金針菇50公克、薑5公克、紅椒20公克

調味料

沙拉油2小匙、鹽¼小匙、糖¼小匙、香油1小匙

做法

1. 秋葵洗淨，斜刀切片；金針菇洗淨，切段；薑洗淨去皮，切絲；紅椒洗淨去子，切菱形片，備用。
2. 冷鍋倒入沙拉油，開中火，爆香薑絲，加入秋葵片，倒入2/3杯熱水，以鹽、糖調味，加入金針菇段、紅椒片拌炒，淋上香油，即可起鍋。

11

上班族營養便當

蔬菜飯便當

便當內容＋

- 蔬菜飯
- 紅燒苦瓜圈
- 涼拌百菇
- 炒土豆絲

美味小提醒

- 涼拌百菇不能蒸煮，帶便當要另外裝盒，或食用時用分隔盒隔開熱菜。
- 炒土豆絲即是炒馬鈴薯絲。馬鈴薯絲在熱炒前，要用水浸泡，以洗除澱粉質，避免炒至軟爛，口感才會爽脆。

蔬菜飯

材料

糙米1杯、薏仁½杯、乾香菇4朵、
紅蘿蔔50公克、地瓜100公克、青江菜80公克

調味料

鹽1小匙、葡萄子油少許

做法

1. 糙米、薏仁洗淨，用2杯水浸泡6小時，備用。
2. 乾香菇泡開，切丁；紅蘿蔔洗淨去皮，切丁；地瓜洗淨去皮，切塊；青江菜洗淨，以滾水燙熟，取出放涼，切丁。
3. 糙米、薏仁連同泡米水一起倒入電鍋內鍋，加入香菇丁、紅蘿蔔丁、地瓜塊，以鹽、葡萄子油調味，移入電鍋蒸熟。
4. 電鍋開關跳起後，燜10分鐘，打開鍋蓋，將飯和菜拌鬆，再蓋上鍋蓋燜一下。
5. 蔬菜飯撒上青江菜丁即可。

涼拌百菇

材料

秀珍菇80公克、鴻喜菇80公克、
杏鮑菇80公克、枸杞少許

調味料

鹽½小匙、無酒精味醂½小匙、香油少許

做法

1. 秀珍菇、鴻喜菇洗淨，切段；杏鮑菇洗淨，切絲；枸杞用熱水泡開，備用。
2. 取一鍋，倒入10杯水，開中火煮滾，加入秀珍菇段、鴻喜菇段、杏鮑菇絲汆燙，取出放涼，加入枸杞，以鹽、無酒精味醂調味，淋上香油即可。

紅燒苦瓜圈

材料

苦瓜150公克、薑5公克

調味料

沙拉油2小匙、冰糖¼小匙、醬油2大匙

做法

1. 苦瓜洗淨，切圈段；薑洗淨去皮，切片，備用。
2. 冷鍋倒入沙拉油，開中火，爆香薑片，加入苦瓜圈段，煎至兩面呈金黃色，倒入1杯熱水，以冰糖、醬油調味，即可起鍋。

炒土豆絲

材料

馬鈴薯150公克、紅蘿蔔30公克、
薑5公克、西洋芹20公克

調味料

沙拉油2小匙、鹽½小匙、糖¼小匙、香油½小匙

做法

1. 馬鈴薯洗淨去皮，切條，泡水；紅蘿蔔洗淨去皮，切條；西洋芹洗淨，剝除粗絲，切丁，以滾水汆燙；薑洗淨去皮，切片，備用。
2. 冷鍋倒入沙拉油，開中火，爆香薑片，加入紅蘿蔔條、馬鈴薯條拌炒，以鹽、糖調味，撒上西洋芹丁，淋上香油，即可起鍋。

上班族營養便當

南瓜米漢堡

便

美味小提醒

- 米漢堡如果只用一般白飯（蓬萊米）製作，容易鬆散，難以成型，需要使用具黏性的圓糯米幫助定型。圓糯米的米和水比例為1：0.8。米漢堡本身也可做調味，在定型前加入芥末椒鹽或素鬆，味道更豐富。

南瓜排

南瓜100公克、雞豆30公克、低筋麵粉50公克、糯米粉50公克、鹽1小匙、糖¼小匙、白胡椒粉¼小匙、沙拉油1小匙

米漢堡

胚芽米1杯、圓糯米1杯、鹽¼小匙、沙拉油1大匙、熟黑芝麻少許、熟白芝麻少許

醬燒筍絲蒟蒻

沙拉油2小匙、竹筍80公克、蒟蒻絲80公克、薑10公克、醬油1大匙、糖¼小匙、白胡椒粉¼小匙

生菜

牛番茄80公克、美生菜30公克

做法

1. 雞豆洗淨，用2杯水浸泡6小時，再次洗淨，瀝乾水分，倒入電鍋內鍋，加入⅔杯水，移入電鍋蒸熟，備用。
2. 南瓜洗淨去皮、去子，切片，連同雞豆一起蒸熟壓泥，加入低筋麵粉、糯米粉，以鹽、糖、白胡椒粉調味，倒入⅓杯熱水，攪拌拌勻，靜置10分鐘，取40公克，整成圓型，壓扁為南瓜排。
3. 冷鍋倒入沙拉油，開中火，加入南瓜排，煎至兩面呈金黃色，即可起鍋。
4. 胚芽米、圓糯米洗淨，瀝乾水分，放入電鍋內鍋，用1⅘杯水浸泡30分鐘，加入鹽，移入電鍋蒸熟。電鍋開關跳起後，燜10分鐘，打開鍋蓋，將飯拌鬆，再蓋上鍋蓋燜一下即可。
5. 將飯取出放涼，取50公克飯，壓成圓餅型，撒上黑芝麻、白芝麻，即是米漢堡。
6. 取一平底鍋，倒入沙拉油，開小火，加入米漢堡，煎至金黃色，即可起鍋。
7. 竹筍洗淨剝殼，放入電鍋蒸熟，即可取出放涼，切絲；蒟蒻絲洗淨；薑洗淨去皮，切片；牛番茄洗淨，切片；美生菜洗淨。
8. 冷鍋倒入沙拉油，開中火，爆香薑片，加入筍絲、蒟蒻絲炒香，以醬油、糖、白胡椒粉調味，炒至入味，即可起鍋。
9. 取1片煎好的米漢堡，先以南瓜排鋪底，依序放上美生菜、醬燒筍絲蒟蒻、牛番茄片，再放上1片米漢堡即可。

13

上班族營養便當

便當內容＋

海苔飯

炒苦瓜

黃豆炒榨菜

高麗菜炒牛蒡

美味小提醒

- 海苔片用量愈多，味道愈濃，米飯顏色愈深。海苔飯也可撒上白芝麻或拌入醬油調味，或加入自製海苔醬。海苔醬做法簡單，只要準備：海苔1包（10片）、沙拉油2小匙、醬油膏10大匙、細砂糖2小匙，將海苔剪小片，放入碗內，倒入1杯冷開水泡軟，用湯匙攪成泥狀，以沙拉油、醬油膏、細砂糖調味，拌勻即可。

海苔飯

材料

糙米2杯、海苔片5張

調味料

鹽¼小匙、沙拉油¼小匙

做法

1. 糙米洗淨，用2⅔杯水浸泡6小時，備用。
2. 海苔片撕小片。
3. 糙米連同泡米水一起倒入電鍋內鍋，加入海苔片，再加入鹽、沙拉油，移入電鍋蒸熟。
4. 電鍋開關跳起後，燜10分鐘，打開鍋蓋，將飯拌鬆，再蓋上鍋蓋燜一下即可。

炒苦瓜

材料

苦瓜150公克

調味料

沙拉油2小匙、番茄醬2大匙、糖¼小匙、鹽少許

做法

1. 苦瓜洗淨，對剖去子，切塊，以滾水汆燙，備用。
2. 冷鍋倒入沙拉油，開中火，加入番茄醬，再加入苦瓜塊，以糖、鹽調味，煮至入味，即可起鍋。

黃豆炒榨菜

材料

黃豆½杯、榨菜100公克、紅辣椒1條、薑5公克

調味料

沙拉油1小匙、醬油1大匙、糖¼小匙

做法

1. 黃豆洗淨，用2杯水浸泡6小時，瀝乾水分，移入電鍋乾蒸，備用。
2. 榨菜略微沖洗，切丁，以滾水汆燙；紅辣椒洗淨，切圓片；薑洗淨去皮，切片。
3. 冷鍋倒入沙拉油，開中火，爆香薑片，加入黃豆炒熟，以醬油、糖調味，加入⅔杯熱水，煮至入味，再加入榨菜丁、紅辣椒片拌炒3分鐘，即可起鍋。

高麗菜炒牛蒡

材料

高麗菜150公克、牛蒡50公克、紅蘿蔔50公克

調味料

沙拉油2小匙、醬油1小匙、糖¼小匙、鹽少許、香油少許

做法

1. 高麗菜洗淨，切絲；牛蒡用菜瓜布洗淨，切絲；紅蘿蔔洗淨去皮，切絲，備用。
2. 冷鍋倒入沙拉油，開中火，加入牛蒡絲、紅蘿蔔絲炒香，淋上醬油炒至上色，再加入高麗菜絲，以糖、鹽調味，淋上香油，即可起鍋。

14

上班族營養便當

甜菜根拌飯便當

便當內容＋

甜菜根拌飯

沙茶豆包

小黃瓜炒豆薯

美味小提醒

- 甜菜根營養價值高，但很多人因它土味重而不敢食用，可用薑味消除甜菜根的土味，薑的用量愈多，甜菜根的土味愈淡。煮甜菜根的湯汁，可將米飯染成紫紅色，拌飯時可加入增色。

甜菜根拌飯

材料　糙米2杯、甜菜根150公克、杏鮑菇50公克、玉米粒50公克、青豆仁50公克、薑10公克

調味料　鹽¼小匙、沙拉油2¼小匙

做法

1. 糙米洗淨，用2⅔杯水，浸泡6小時，備用。
2. 甜菜根洗淨去皮，切小丁；杏鮑菇洗淨，切丁；玉米粒洗淨，以滾水燙熟；青豆仁洗淨，以滾水燙熟；薑洗淨去皮，切末。
3. 糙米連同泡米水一起倒入電鍋內鍋，加入鹽、¼小匙沙拉油，移入電鍋蒸熟。
4. 電鍋開關跳起後，燜10分鐘，打開鍋蓋，將飯拌鬆，加入玉米粒、青豆仁拌勻，再蓋上鍋蓋燜一下。
5. 冷鍋倒入2小匙沙拉油，開中火，爆香薑末，倒入2杯水煮滾，加入甜菜根丁、杏鮑菇丁煮熟，即可起鍋。
6. 將煮好的飯拌入甜菜根丁、杏鮑菇丁，倒入甜菜根湯汁，讓飯粒上色，瀝乾湯汁即可。

沙茶豆包

材料　豆包150公克、紅辣椒10公克、薑5公克

調味料　太白粉10公克、沙拉油1小匙、沙茶醬1大匙、糖½小匙

做法

1. 豆包洗淨，擦乾水分，攤開豆包，沾抹太白粉，疊回原狀，切四塊；紅辣椒洗淨，切片；薑洗淨去皮，切片，備用。
2. 取一個盤子，抹上少許油，放上豆包塊，移入蒸鍋蒸熟，取出放涼。
3. 冷鍋倒入沙拉油，開中火，爆香薑片、紅辣椒片，炒香沙茶醬，倒入1⅓杯熱水，加入豆包塊，以糖調味，煮至入味，即可起鍋。

小黃瓜炒豆薯

材料　小黃瓜100公克、豆薯100公克、新鮮香菇30公克、薑5公克

調味料　沙拉油2小匙、鹽¼小匙

做法

1. 小黃瓜洗淨，切長條；豆薯洗淨去皮，切長條；新鮮香菇洗淨，切片；薑洗淨去皮，切絲，備用。
2. 冷鍋倒入沙拉油，開中火，爆香薑絲，加入小黃瓜條、豆薯條、香菇片，以鹽調味，即可起鍋。

15

上班族營養便當

杏菇飯

當

便當內容＋
豆薯飯
辣味蒟蒻
五味雙花椰菜
水煮杏鮑菇

美味小提醒

- 五味醬是用五種調味料調製而成的醬料，本次使用的配方為：糖、烏醋、醬油膏、香油、番茄醬。

豆薯飯

材料

胚芽米1杯、豆薯100公克、
紅蘿蔔50公克、新鮮黑木耳30公克

調味料

沙拉油1大匙、醬油2大匙

做法

1. 胚芽米洗淨；豆薯洗淨去皮，切小丁；紅蘿蔔洗淨去皮，切小丁；新鮮黑木耳洗淨，切小片，備用。
2. 冷鍋倒入沙拉油，開中火，加入紅蘿蔔丁、黑木耳片，淋上醬油炒香，即可盛入裝胚芽米的內鍋，倒入1¼杯水，移入電鍋蒸熟。
3. 電鍋開關跳起後，燜10分鐘，打開鍋蓋，將飯和菜拌鬆，再蓋上鍋蓋燜一下即可。

辣味蒟蒻

材料

蒟蒻200公克、薑5公克

調味料

沙拉油2小匙、辣椒醬1大匙、鹽1小匙、
白胡椒粉½小匙

做法

1. 蒟蒻洗淨，切條；薑洗淨去皮，切絲，備用。
2. 冷鍋倒入沙拉油，開中火，爆香薑絲，加入蒟蒻條炒熟，以辣椒醬、鹽調味，加入⅔杯熱水，煮至入味，撒上白胡椒粉，即可起鍋。

五味雙花椰菜

材料

白花椰菜50公克、綠花椰菜50公克、
玉米筍30公克、小番茄6粒

調味料

沙拉油1小匙、鹽1小匙

五味醬

薑15公克、香菜15公克、糖½小匙、烏醋1大匙、
醬油膏½小匙、番茄醬½小匙、香油少許

做法

1. 白花椰菜、綠花椰菜洗淨，切小朵；玉米筍洗淨；小番茄洗淨；薑洗淨去皮，切末；香菜洗淨，切末，備用。
2. 取一鍋，倒入3⅓杯水，加鹽，開中火煮滾，加入白花椰菜、綠花椰菜燙熟，取出瀝乾水分，再燙熟玉米筍，取出瀝乾水分。
3. 取一個碗，加入全部五味醬材料，攪拌均勻。
4. 另取一個碗，加入白花椰菜、綠花椰菜、玉米筍，淋上五味醬即可。

水煮杏鮑菇

材料

杏鮑菇100公克、薑5公克

調味料

香油¼小匙、鹽⅓小匙、白胡椒粉¼小匙

做法

1. 杏鮑菇洗淨，切段；薑洗淨去皮，切片，備用。
2. 冷鍋倒入香油，開小火，爆香薑片，倒入1⅓杯熱水，加入杏鮑菇段，以鹽、白胡椒調味，煮熟即可取出，放涼，瀝乾水分。

古早味
招牌便當

Healthy
Lunch Box Ideas :
Yummy
Veggie Recipes!

鐵路便當

便當內容+
香煎馬鈴薯排
滷味
酸菜炒高麗菜
醃嫩薑
白飯

美味小提醒

- 馬鈴薯排加入金針菇的目的，是為增加口感的脆度。
- 嫩薑醃漬時間愈長愈入味。

香煎馬鈴薯排

材料

馬鈴薯200公克、金針菇80公克

調味料

低筋麵粉30公克、太白粉10公克、鹽½小匙、白胡椒粉¼小匙、沙拉油1大匙

做法

1. 馬鈴薯洗淨去皮，切片，蒸熟壓泥；金針菇洗淨，以滾水汆燙，取出放涼，切末，備用。
2. 取一個碗，加入馬鈴薯泥、金針菇末、低筋麵粉、太白粉，以鹽、白胡椒粉調味，攪拌均勻成糰。
3. 分割麵糰，每個60公克，壓成餅狀。
4. 冷鍋倒入沙拉油，開小火，加入馬鈴薯排煎香，煎至兩面呈金黃色，即可起鍋。

滷味

材料

豆干150公克、蒟蒻150公克、薑5公克

調味料

沙拉油1大匙、八角3粒、黑胡椒粒1小匙、醬油2大匙、糖½小匙、甘草3片、鹽1小匙

做法

1. 豆干洗淨，瀝乾水分，切小塊；蒟蒻洗淨，瀝乾水分，切小塊；薑洗淨去皮，切片，備用。
2. 冷鍋倒入沙拉油，開小火，加入八角、薑片、黑胡椒粒炒香，加糖，淋上醬油拌炒均勻，加入豆干塊、蒟蒻塊炒至上色，倒入2杯熱水，加入甘草、鹽，轉中大火煮滾，讓滷汁保持滾沸，滷煮15分鐘，即可關火，蓋上鍋蓋，燜置30分鐘即可。

酸菜炒高麗菜

材料

酸菜50公克、高麗菜150公克、紅辣椒5公克、薑5公克

調味料

沙拉油1大匙、鹽½小匙、糖½小匙、糯米醋⅓小匙

做法

1. 酸菜沖洗乾淨，擠乾水分，切小段；高麗菜洗淨，切片；紅辣椒洗淨，切片；薑洗淨去皮，切絲，備用。
2. 冷鍋倒入沙拉油，開中火，爆香紅辣椒片、薑絲，加入酸菜段炒香，再加入高麗菜片，以鹽、糖、糯米醋調味，拌炒均勻，即可起鍋。

醃嫩薑

材料

嫩薑150公克

調味料

鹽½小匙、糯米醋2大匙、糖1大匙

做法

1. 嫩薑洗淨，瀝乾水分，切片，備用。
2. 嫩薑以鹽醃漬10分鐘，軟化去水，擠乾水分。
3. 嫩薑以糯米醋、糖調味，攪拌均勻，靜置半日，即可食用。

01

古早味招牌便當

池上便當

便當內容＋

豆包排

蒸南瓜

宮保大白菜

辣蘿蔔乾

白飯

美味小提醒

- 池上便當中有四種招牌食材，稱為「四大天王」，在此是用「豆包、南瓜、大白菜、辣蘿蔔乾」做為代表。
- 碎菜脯建議選用味道不鹹的菜脯，洗淨後不能泡水，要馬上瀝乾，以免風味變淡。碎菜脯要用香油炒才會香。小火炒豆豉要有耐心，慢慢炒至豆豉出味。菜脯不能炒太久，以免愈炒愈鹹。

豆包排

材料

豆包200公克、九層塔葉20公克、薑5公克

調味料

沙拉油1大匙、鹽½小匙、白胡椒粉¼小匙、糖¼小匙、中筋麵粉30公克、太白粉20公克

做法

1. 豆包洗淨，瀝乾水分，切末；九層塔葉洗淨，擦乾水分，切末；薑洗淨去皮，切末，備用。
2. 取一個碗，加入豆包末、九層塔葉末、薑末，以鹽、白胡椒粉、糖調味，撒上中筋麵粉、太白粉，攪拌均勻成糰。
3. 分割麵糰，每個60公克，先捏成球型，再壓扁成豆包排。
4. 冷鍋倒入沙拉油，開小火，加入豆包排煎香，煎至兩面呈金黃色，即可起鍋。

蒸南瓜

材料

南瓜150公克

調味料

鹽少許

做法

1. 南瓜洗淨去子，切塊，備用。
2. 取一個盤子，加入南瓜塊，以鹽調味，移入電鍋蒸熟即可。

宮保大白菜

材料

乾辣椒20公克、大白菜150公克、薑5公克、花生50公克

調味料

鹽½小匙、醬油2小匙、番茄醬1小匙、糯米醋½小匙、糖¼小匙

做法

1. 乾辣椒切片；大白菜洗淨，切片；薑洗淨去皮，切片，備用。
2. 冷鍋倒入沙拉油，開小火，爆香薑片、乾辣椒片，加入大白菜片，以鹽、醬油、番茄醬、糯米醋、糖調味，炒至入味，撒上花生，即可起鍋。

辣蘿蔔乾

材料

碎菜脯150公克、乾豆豉50公克、紅辣椒80公克

調味料

香油2大匙、醬油膏1小匙、糖1大匙

做法

1. 碎菜脯洗淨，瀝乾水分；乾豆豉以水略沖，瀝乾水分；紅辣椒洗淨，切小段，備用。
2. 冷鍋倒入香油，開小火，炒香豆豉、紅辣椒段，加入碎菜脯，以醬油膏、糖調味，轉中火，炒至碎菜脯出味，即可起鍋。

02

古早味招牌便當

客家

便當內容＋

客家粄條

炒豆干

滷牛蒡排

薑絲脆菇

美味小提醒

- 客家人生性勤儉，常做粗工，需補充鹽分與體力，所以便當菜比較重口味。
- 炒豆干要開中火，不用大火，以免炒焦。炒豆干的時間要久一些，煸炒至乾香入味為止。

客家粄條

材料

粄條100公克、沙拉筍20公克、紅蘿蔔20公克、青江菜30公克

調味料

沙拉油2大匙、醬油1大匙、糖¼小匙、白胡椒粉少許

做法

1. 沙拉筍洗淨，切絲；紅蘿蔔洗淨去皮，切絲；青江菜洗淨，切段，備用。
2. 冷鍋倒入沙拉油，開中火，加入筍絲、紅蘿蔔絲、青江菜段炒香，以醬油、糖、白胡椒粉調味，倒入⅔杯熱水煮滾，加入粄條，炒至入味，即可起鍋。

滷牛蒡排

材料

A料：在來米粉30公克、細地瓜粉30公克

B料：細地瓜粉150公克、樹薯粉30公克、牛蒡100公克

C料：薑5公克

調味料

沙拉油1大匙、醬油2大匙、糖½小匙

做法

1. 牛蒡洗淨，切絲，泡水；薑洗淨去皮，切絲，備用。
2. 取一小鍋，加入全部A料，倒入2杯水，攪拌均勻，開小火，慢煮至呈透明狀，即可關火，倒出，放涼漿汁。漿汁攪拌均勻，慢慢加入全部B料，拌成漿糰。
3. 分割漿糰，每個60公克，壓成排狀，放入墊上點心紙的盤子，移入蒸鍋，開中小火，蒸15分鐘，取出放涼。
4. 冷鍋倒入沙拉油，開中火，爆香薑絲，加入醬油、糖煮滾，再加入牛蒡排滷煮5分鐘入味，即可起鍋。

炒豆干

材料

菜脯條100公克、豆干200公克、紅辣椒10公克

調味料

香油2小匙、醬油1小匙、糖1小匙、白胡椒粉¼小匙

做法

1. 菜脯條洗淨，瀝乾水分；豆干洗淨，切條；紅辣椒洗淨，切絲，備用。
2. 冷鍋倒入香油，開中火，爆香紅辣椒絲，加入豆干條煎香，以醬油、糖、白胡椒粉調味，炒至上色，加入菜脯條，拌炒均勻入味，即可起鍋。

薑絲脆菇

材料

柳松菇100公克、嫩薑30公克、紅辣椒10公克

調味料

沙拉油1小匙、鹽1小匙、糖¼小匙

做法

1. 柳松菇洗淨，切段；嫩薑洗淨去皮，切絲；紅辣椒洗淨，切絲，備用。
2. 冷鍋倒入沙拉油，開中火，加入柳松菇段、薑絲炒香，倒入⅓杯熱水煮滾，以鹽、糖調味，加入紅辣椒絲拌炒均勻，即可起鍋。

03

古早味招牌便當

粉蒸南瓜便當

便當內容＋
粉蒸南瓜
紅燒海龍頭
熱炒三絲
白飯

美味小提醒

- 粉蒸粉是用生粉磨製而成的，所以要用水浸泡20分鐘，吸足水分，蒸時才能熟透。
- 海龍頭即是海帶頭，味道鮮美，熱炒或涼拌皆可。

粉蒸南瓜

材料　南瓜200公克、薑5公克

調味料　粉蒸粉3大匙、辣豆瓣醬1大匙、醬油1小匙、糖½小匙、白胡椒粉¼小匙

做法

1. 南瓜洗淨去皮、去子，切塊；薑洗淨去皮，切末，備用。
2. 取一個碗，倒入粉蒸粉、3大匙水，浸泡20分鐘，以辣豆瓣醬、醬油、糖、白胡椒粉調味，加入南瓜塊、薑末，攪拌均勻，放入蒸鍋，蒸15分鐘，取出倒扣於盤上即可。

紅燒海龍頭

材料　乾海龍頭100公克、薑5公克、紅辣椒10公克、九層塔葉20公克

調味料　沙拉油1大匙、醬油1大匙、鹽少許、糖¼小匙

做法

1. 乾海龍頭洗淨泡開，瀝乾水分；薑洗淨去皮，切片；紅辣椒洗淨，切片；九層塔葉洗淨，瀝乾水分，備用。
2. 冷鍋倒入沙拉油，開小火，爆香薑片、紅辣椒片，加入海龍頭炒香，以醬油、鹽、糖調味，倒入⅓杯熱水，炒軟，加入九層塔葉，拌炒入味，即可起鍋。

熱炒三絲

材料　黃豆芽50公克、青椒50公克、紅蘿蔔50公克、薑5公克

調味料　沙拉油2小匙、鹽¼小匙、糖¼小匙

做法

1. 黃豆芽洗淨；青椒洗淨去子，切絲；紅蘿蔔洗淨去皮，切絲；薑洗淨去皮，切絲，備用。
2. 冷鍋倒入沙拉油，開中火，爆香薑絲，加入黃豆芽、青椒絲、紅蘿蔔絲，以鹽、糖調味，拌炒至熟，即可起鍋。

04
古早味招牌便當

梅干豆腐便當

便當內容+

梅干豆腐

雙色豆薯條

佛手瓜炒菇

白飯

美味小提醒

- 梅干豆腐為避免煎豆腐易黏鍋，所以要先沾抹少許鹽，讓豆腐質地變硬不易破。

梅干豆腐

材料

梅干菜50公克、板豆腐150公克、薑5公克、紅辣椒10公克

調味料

沙拉油1大匙、醬油1大匙、糖½小匙、白胡椒粉¼小匙

做法

1. 梅干菜洗淨，泡開，擠乾水分，切小段；板豆腐洗淨，切片，抹少許鹽，靜置出水；薑洗淨去皮，切末；紅辣椒洗淨，切末，備用。
2. 冷鍋倒入沙拉油，開中火，爆香薑末、紅辣椒末，加入梅干菜段炒香，倒入1⅓杯熱水，加入板豆腐片拌炒，以醬油、糖、白胡椒粉調味，煮至入味，即可起鍋。

雙色豆薯條

材料

豆薯100公克、玉米筍20公克、紅蘿蔔20公克

調味料

香油1小匙、鹽1小匙、糖少許

做法

1. 豆薯洗淨去皮，切粗條；玉米筍洗淨，對剖；紅蘿蔔洗淨去皮，切粗條，備用。
2. 冷鍋倒入香油，開小火，加入紅蘿蔔條炒香，倒入⅓杯熱水炒軟，加入玉米筍拌炒，以鹽、糖調味，加入豆薯條炒熟，即可起鍋。

佛手瓜炒菇

材料

佛手瓜150公克、秀珍菇50公克、新鮮黑木耳20公克、薑5公克

調味料

沙拉油1大匙、鹽½小匙、香油少許

做法

1. 佛手瓜洗淨去皮，切片；秀珍菇洗淨，斜刀切片；新鮮黑木耳洗淨，切片；薑洗淨去皮，切片，備用。
2. 冷鍋倒入沙拉油，開中火，爆香薑片，加入佛手瓜片、秀珍菇片、黑木耳片炒香，倒入⅓杯熱水炒軟，以鹽調味，淋上香油，即可起鍋。

05

古早味招牌便當

三杯茄香便當

便當內容＋
三杯茄香
油菜拌豆包
雙色球
白飯

美味小提醒

- 為避免茄子氧化變黑，煮茄子時，水量要蓋過茄子，並將茄子完全煮熟，如未煮熟，茄子會繼續氧化變黑。

三杯茄香

材料

茄子100公克、九層塔葉20公克、老薑10公克、紅辣椒5公克

調味料

鹽1小匙、醬油1大匙、黑麻油1大匙、糖½小匙

做法

1. 茄子洗淨，切段；九層塔葉洗淨，瀝乾水分；老薑洗淨，切片；紅辣椒洗淨，切片，備用。
2. 取一鍋，倒入13杯水，加鹽，開大火煮滾，加入茄子段，立即蓋上鍋蓋，燜煮5分鐘，打開鍋蓋，取出茄子段，瀝乾水分。
3. 冷鍋倒入黑麻油，開中火，爆香老薑片，加入茄子段，淋上醬油，倒入⅓杯熱水，以糖調味，炒至入味，加入九層塔葉、紅辣椒片炒軟，即可起鍋。

油菜拌豆包

材料

油菜150公克、豆包80公克、紅椒20公克

調味料

鹽1小匙、芥末胡椒鹽1小匙、葡萄子油1小匙

做法

1. 油菜洗淨，切段；豆包洗淨，切小塊，煎至兩面呈金黃色，放涼，切粗條；紅椒洗淨去子，切粗條，備用。
2. 取一鍋，倒入10杯水，加鹽，開大火煮滾，先加入油菜段燙熟，取出，瀝乾水分；再加入紅椒條汆燙，取出，瀝乾水分。
3. 取一個碗，加入油菜段、豆包條，以芥末胡椒鹽、葡萄子油調味，攪拌均勻，加入紅椒條即可。

雙色球

材料

紅蘿蔔150公克、豆薯80公克

調味料

鹽1大匙、八角1粒、甘草1片、黑胡椒粒¼小匙

做法

1. 紅蘿蔔洗淨去皮，用挖球器挖球；豆薯洗淨去皮，用挖球器挖球，備用。
2. 取一鍋，倒入13杯水，加入紅蘿蔔球、豆薯球，以鹽、八角、甘草、黑胡椒粒調味，開中大火，保持滾沸狀，煮熟，即可起鍋。

06

古早味招牌便當

栗子三菇便當

便當內容＋
栗子三菇
小白菜豆包捲
麻辣小黃瓜
白飯

美味小提醒

- 如果希望麻辣小黃瓜的口感更爽脆，可將滾刀塊的刀法，改為用刀拍碎，拌炒時減少鹽量，避免小黃瓜軟化。如果不介意小黃瓜遇酸時，顏色變黃，可以在拌炒時，加入糯米醋，增加風味。

栗子三菇

材料　栗子80公克、杏鮑菇50公克、草菇50公克、洋菇50公克、薑5公克

調味料　沙拉油1小匙、醬油1大匙、糖½小匙、白胡椒粉¼小匙

做法

1. 栗子洗淨，蒸熟；杏鮑菇洗淨，切塊；草菇洗淨；洋菇洗淨，對剖；薑洗淨去皮，切片，備用。
2. 冷鍋倒入沙拉油，開小火，爆香薑片，加入栗子、杏鮑菇塊，淋上醬油炒至上色，加入草菇、洋菇塊，以糖、白胡椒粉調味，拌炒至熟，即可起鍋。

小白菜豆包捲

材料　小白菜50公克、豆包100公克、紅蘿蔔10公克

調味料　沙拉油1小匙、鹽1小匙、糖¼小匙、白胡椒粉¼小匙、低筋麵粉30公克

做法

1. 小白菜洗淨，剝片，以滾水汆燙；豆包洗淨，切末；紅蘿蔔洗淨去皮，切末，備用。
2. 取一個碗，加入豆包末、紅蘿蔔末，以鹽、糖、白胡椒粉調味，加入低筋麵粉攪拌均勻，即是餡料。
3. 冷鍋倒入沙拉油，開小火，放入餡料，煎至香味出來，即可起鍋。
4. 小白菜片包入餡料，捲成長條，切3公分段，即是小白菜豆包捲。

麻辣小黃瓜

材料　小黃瓜150公克、紅蘿蔔50公克、薑5公克、紅辣椒10公克

調味料　辣椒油1大匙、鹽1小匙、糖¼小匙

做法

1. 小黃瓜洗淨，切滾刀塊；紅蘿蔔洗淨去皮，切片；薑洗淨去皮，切片；紅辣椒洗淨，切片，備用。
1. 冷鍋倒入辣椒油，開中火，爆香薑片、紅辣椒片，加入紅蘿蔔片拌炒，倒入⅔杯熱水，再加入小黃瓜塊拌炒，以鹽、糖調味，炒至入味，即可起鍋。

07

古早味招牌便當

美味小提醒

- 陶鍋的鍋底抹油，可避免沾上米的澱粉沉澱物，方便控制火候。除在鍋底抹油，也可趁米將熟，未關火前，先沿鍋邊淋上一圈油。使用的油以沙拉油為宜，不要使用香氣強烈的油。
- 判斷陶鍋內的煲仔飯煮熟否，可由是否會聽到水冒泡聲做參考，當只餘微弱的吱吱響聲，即表示煲仔飯已煮熟。

材料

米1杯、豆包50公克、
新鮮香菇50公克、南瓜80公克、
綠花椰菜30公克

調味料

醬油2大匙、
白胡椒粉½小匙、糖¼小匙

做法

1. 米洗淨，用水浸泡30分鐘，瀝乾水分；豆包洗淨，切粗條；新鮮香菇洗淨，切粗條；南瓜洗淨去子，連皮切塊；綠花椰菜洗淨，切小朵，以滾水燙熟，備用。
2. 取一個碗，加入豆包條、香菇條，以醬油、白胡椒粉、糖醃漬20分鐘。
3. 取一個陶鍋，鍋底抹上少許油，加入米與1⅕杯水，開中火，煮10分鐘，煮至米將熟時，加入醃豆包條、醃香菇條、南瓜塊，蓋上鍋蓋，關火，燜置20分鐘，至無水滾沸聲，再燜置5分鐘，打開鍋蓋，放上綠花椰菜即可。

08
古早味招牌便當

上海菜飯便當

便當內容＋
上海菜飯
滷蓮藕

美味小提醒

- 青江菜煮熟易變色，可預留一些，飯煮熟後，拌入飯內，或炒熟青江菜後，直接拌入飯內，也可保持翠綠。
- 滷蓮藕的做法不採取傳統的小火久煮，而用浸泡方式來取代。

上海菜飯

材料　米1杯、青江菜100公克、紅蘿蔔50公克、馬鈴薯80公克

調味料　鹽¼小匙、葡萄子油1小匙

做法

1. 米洗淨，放入電鍋內鍋，用1⅕杯水浸泡30分鐘；青江菜洗淨，切小丁；紅蘿蔔洗淨去皮，切小丁；馬鈴薯洗淨去皮，切塊，備用。
2. 電鍋內鍋加入青江菜丁、紅蘿蔔丁、馬鈴薯塊，再加入鹽、葡萄子油，移入電鍋蒸熟。
3. 電鍋開關跳起後，燜10分鐘，打開鍋蓋將飯和菜拌鬆，再蓋上鍋蓋燜一下即可。

滷蓮藕

材料　蓮藕150公克、薑10公克

調味料　沙拉油1大匙、糖1小匙、醬油2大匙

做法

1. 蓮藕洗淨去皮，切塊；薑洗淨去皮，切片，備用。
2. 冷鍋倒入沙拉油，開中火，爆香薑片，加糖炒香，加入蓮藕塊、醬油炒至上色，倒入3⅓杯熱水，煮滾，讓滷汁保持滾沸，滷煮15分鐘，即可關火，蓋上鍋蓋，燜置30分鐘即可。

09
古早味招牌便當
WORKINGHOUSE

便當內容＋
雪菜毛豆炒飯
紅燒豆腐丸滷白菜
辣豆干

美味小提醒

- 紅燒豆腐丸滷白菜在炒大白菜時，因大白菜加鹽會出水，所以拌炒時，不需再另外加水。
- 碧玉筍性寒，不適合生食，需要炒熟再食用，以免胃腸不適。

雪菜毛豆炒飯

材料　白飯150公克、雪菜50公克、毛豆20公克、紅蘿蔔10公克、薑5公克、紅辣椒10公克

調味料　沙拉油1大匙、鹽1小匙、糖少許、白胡椒粉少許

做法

1. 雪菜洗淨，擠乾水分，切末；毛豆洗淨，以滾水燙熟；紅蘿蔔洗淨去皮，切末；薑洗淨去皮，切末；紅辣椒洗淨，切末，備用。
2. 冷鍋倒入沙拉油，開中火，爆香薑末、紅辣椒末，加入紅蘿蔔末炒香，再加入雪菜末、毛豆炒熟，倒入½杯熱水，以鹽、糖、白胡椒粉調味，加入白飯炒熟，即可起鍋。

紅燒豆腐丸滷白菜

材料　板豆腐100公克、大白菜150公克、山藥50公克、紅蘿蔔30公克、乾香菇20公克、芹菜10公克、薑10公克、紅辣椒10公克

調味料　低筋麵粉50公克、鹽½小匙、糖少許、白胡椒粉少許

滷白菜　沙拉油1大匙、醬油1大匙、鹽¼小匙、糖¼小匙、白胡椒粉½小匙

做法

1. 板豆腐洗淨，用紙巾吸乾水分，壓泥；大白菜洗淨，切片；山藥洗淨去皮，切末；紅蘿蔔洗淨去皮，取⅓切末，⅔切片；乾香菇泡軟，切片；芹菜洗淨，切末；薑洗淨去皮，切片；紅辣椒洗淨，切片，備用。
2. 取一個碗，加入板豆腐泥、山藥末、紅蘿蔔末、芹菜末、低筋麵粉，以鹽、糖、白胡椒粉調味，攪拌均勻，擠成丸狀，放入抹油的盤子，移入蒸鍋蒸10分鐘，蒸熟即可取出放涼。
3. 冷鍋倒入沙拉油，開中火，爆香薑片，炒香香菇片、紅蘿蔔片，加入大白菜片炒熟，以全部滷白菜調味料調味，加入豆腐丸、紅辣椒片，煮至入味，即可起鍋。

辣豆干

材料　豆干150公克、碧玉筍30公克、紅辣椒10公克

調味料　沙拉油1大匙、醬油2小匙、辣豆瓣醬1小匙、糖½小匙

做法

1. 豆干洗淨，切片；碧玉筍洗淨，切段；紅辣椒洗淨，切片，備用。
2. 冷鍋倒入沙拉油，開小火，煎香豆干片，淋上醬油炒至上色，加入辣豆瓣醬炒香，倒入⅓杯熱水，以糖調味，加入紅辣椒片、碧玉筍段拌炒至熟，即可起鍋。

10

古早味招牌便當

絕代雙椒炒飯便當

便當內容＋
絕代雙椒炒飯
炒脆菇
雙色山藥

美味小提醒

- 絕代雙椒炒飯可加入黑胡椒粒拌炒，香氣更濃。

絕代雙椒炒飯

材料

白飯150公克、紅辣椒50公克、青辣椒50公克、薑5公克、水煮花生20公克

調味料

沙拉油1大匙、鹽1小匙、糖¼小匙

做法

1. 紅辣椒、青辣椒洗淨，切圓片；薑洗淨去皮，切末，備用。
2. 冷鍋倒入沙拉油，開中火，爆香薑末，加入紅辣椒片、青辣椒片拌炒至軟，倒入⅓杯熱水，以鹽、糖調味，加入白飯炒熟，撒上水煮花生拌炒，即可起鍋。

炒脆菇

材料

美白菇80公克、乾川耳5公克、紅椒10公克、青椒10公克、薑5公克

調味料

沙拉油2小匙、鹽½小匙、糖少許

做法

1. 美白菇洗淨，切段；乾川耳泡開，撕小片；紅椒、青椒洗淨去子，切片；薑洗淨去皮，切片，備用。
2. 冷鍋倒入沙拉油，開中火，爆香薑片，加入川耳炒香，倒入⅓杯熱水，以鹽、糖調味，加入美白菇段拌炒至軟，再加入紅椒片、青椒片炒熟，即可起鍋。

雙色山藥

材料

紫山藥80公克、日本山藥80公克、紅蘿蔔20公克、薑5公克

調味料

沙拉油2小匙、鹽2小匙、糖¼小匙、白胡椒粉少許

做法

1. 紫山藥、日本山藥洗淨去皮，切條，泡水去黏膜；紅蘿蔔洗淨去皮，切條；薑洗淨去皮，切片，備用。
2. 冷鍋倒入沙拉油，開中火，爆香薑片，加入紅蘿蔔條炒軟，再加入紫山藥條、日本山藥條炒熟，以鹽、糖、白胡椒粉調味，即可起鍋。

11

古早味招牌便當

糖醋芋柳蓋飯 便當

便當內容＋

糖醋芋柳

海帶炒芹菜

樹子豆腐

白飯

美味小提醒

- 使用樹子要去子，以免食用時傷害牙齒。
- 板豆腐抹鹽會排出水分，讓質地變得較硬。

糖醋芋柳

材料

芋頭80公克、糯米粉80公克、在來米粉20公克、鳳梨30公克、青椒20公克、薑5公克

糖醋醬

糖1大匙、糯米醋1大匙、番茄醬1大匙

調味料

沙拉油2小匙、鹽1小匙、白胡椒粉½小匙

做法

1. 芋頭洗淨去皮，蒸熟壓泥；鳳梨洗淨去皮，切片；青椒洗淨去子，切片；薑洗淨去皮，切末，備用。
2. 取一個碗，加入芋頭泥、糯米粉、在來米粉，倒入⅓杯85度熱水，攪拌均勻成糰，取20公克整為條狀，放入盤內，移入蒸鍋蒸熟，取出放涼，即是芋柳。
3. 冷鍋倒入沙拉油，開中火，爆香薑末，以鹽、白胡椒粉調味，倒入⅓杯熱水，加入芋柳、鳳梨片拌炒，淋上糖醋醬，加入青椒片炒熟，即可起鍋。

海帶炒芹菜

材料

海帶50公克、紅蘿蔔30公克、芹菜100公克

調味料

沙拉油1小匙、鹽½小匙、糖¼小匙

做法

1. 海帶洗淨，切段；紅蘿蔔洗淨去皮，切絲；芹菜洗淨，切段，備用。
2. 冷鍋倒入沙拉油，開中火，炒香海帶段，加入紅蘿蔔絲炒香，倒入⅓杯熱水，以鹽、糖調味，撒上芹菜段炒熟，即可起鍋。

樹子豆腐

材料

板豆腐150公克、樹子30公克、豆薯30公克、紅辣椒10公克

調味料

沙拉油1大匙、鹽½小匙、醬油1小匙、糖¼小匙、白胡椒粉少許

做法

1. 板豆腐洗淨，抹少許鹽，切碎；樹子去子；豆薯洗淨去皮，切末；紅辣椒洗淨，切末，備用。
2. 冷鍋倒入沙拉油，開中火，加入板豆腐碎、樹子、豆薯末、紅辣椒末拌炒，倒入⅔杯熱水，以鹽、醬油、糖、白胡椒粉調味，煮至入味，即可起鍋。

12

古早味招牌便當

燕麥棗便當

便當內容＋
燕麥棗
蓮香西芹
鮮筍卷
味噌茭白筍

美味小提醒

- 燕麥棗以狀似紅棗而得名，做成小巧的棗狀，方便食用。

燕麥棗

材料

小米70公克、燕麥片50公克、低筋麵粉⅓杯

調味料

鹽1小匙、糖¼小匙、白胡椒粉½小匙、沙拉油1大匙

做法

1. 小米、燕麥片洗淨，瀝乾水分，倒入電鍋內鍋，加入1杯水，移入電鍋蒸熟，備用。
2. 取一個碗，加入蒸熟的小米、燕麥片，放涼，加入低筋麵粉，以鹽、糖 、白胡椒粉調味，攪拌均勻成糰，分割麵糰，每個25公克，整為棗狀。
3. 取一平底鍋，倒入沙拉油，開中火，加入燕麥棗，煎至呈金黃色，即可起鍋。

蓮香西芹

材料

新鮮蓮子80公克、西洋芹100公克、
紅椒50公克、薑5公克

調味料

香油1小匙、鹽½小匙、糖¼小匙

做法

1. 新鮮蓮子洗淨；西洋芹洗淨，剝除粗絲，切片；紅椒洗淨去子，切片；薑洗淨去皮，切片，備用。
2. 冷鍋倒入香油，開中火，爆香薑片，即可取出薑片，加入蓮子拌炒，倒入2杯熱水，煮至熟，以鹽、糖調味，加入西洋芹片、紅椒片炒熟，即可起鍋。

鮮筍捲

材料

竹筍150公克、新鮮香菇15公克、
高麗菜100公克、豆皮2張、薑5公克

調味料

太白粉1小匙、沙拉油2大匙、鹽½小匙、
糖¼小匙、白胡椒粉少許

做法

1. 竹筍洗淨剝殼，蒸熟放涼，切絲；新鮮香菇洗淨，切絲；高麗菜洗淨，切絲；豆皮洗淨；薑洗淨去皮，切絲；太白粉加入1小匙水，攪拌均勻為太白粉糊，備用。
2. 冷鍋倒入1大匙沙拉油，開中火，爆香薑絲，加入筍絲、香菇絲、高麗菜絲炒熟，以鹽、糖、白胡椒粉調味，即可起鍋，瀝乾水分。
3. 攤平豆皮，加入筍絲、香菇絲、高麗菜絲捲起，末端抹上太白粉糊封口。
4. 冷鍋倒入1大匙沙拉油，開中火，加入鮮筍捲，煎至兩面呈金黃色，即可起鍋。

味噌茭白筍

材料

茭白筍150公克

調味料

沙拉油1小匙、味噌醬1大匙、糖½小匙

做法

1. 茭白筍剝殼洗淨，切滾刀塊；味噌醬倒入⅓杯水，攪拌均勻，備用。
2. 冷鍋倒入沙拉油，開中火，加入茭白筍塊炒香，倒入⅓杯熱水拌炒，蓋上鍋蓋，燜煮至熟，打開鍋蓋，倒入味噌醬醬汁拌炒2分鐘，以糖調味，即可起鍋。

13

古早味招牌便當

芥味杏鮑菇便當

便當內容+
番茄炒飯
芥味杏鮑菇
酸菜炒筍片
醬拌四季豆

美味小提醒

- 酸菜炒筍片所使用的竹筍，以綠竹筍為佳，愈鮮嫩愈可口。

番茄炒飯

材料

白飯150公克、番茄50公克、豆包30公克、芹菜10公克

調味料

沙拉油2大匙、番茄醬1大匙、鹽½小匙、糖½小匙、白胡椒粉少許

做法

1. 豆包洗淨，瀝乾水分，切小片；番茄洗淨，切小塊；芹菜洗淨，切末，備用。
2. 冷鍋倒入沙拉油，開中火，加入豆包片，炒至金黃色，加入番茄醬拌炒，倒入⅓杯熱水，以鹽、糖、白胡椒粉調味，加入白飯與番茄塊炒熟，撒上芹菜末拌炒，即可起鍋。

芥味杏鮑菇

材料

杏鮑菇150杯、紅椒30公克

調味料

沙拉油1大匙、芥末椒鹽1小匙

做法

1. 杏鮑菇洗淨，切塊；紅椒洗淨去子，切片，備用。
2. 冷鍋倒入沙拉油，開中火，加入杏鮑菇塊炒香，撒上芥末椒鹽，加入紅椒片炒熟，即可起鍋。

酸菜炒筍片

材料

酸菜50公克、竹筍100公克、新鮮黑木耳10公克、薑5公克

調味料

沙拉油2小匙、鹽1小匙、糖¼小匙、糯米醋½小匙

做法

1. 酸菜洗淨，以滾水汆燙30秒，撈起瀝乾，切段；竹筍洗淨剝殼，蒸熟放涼，切片；新鮮黑木耳洗淨，切片；薑洗淨，切片，備用。
2. 冷鍋倒入沙拉油，開中火，爆香薑片，加入酸菜段炒香，再加入筍片、黑木耳片炒熟，以鹽、糖、糯米醋調味，倒入⅓杯熱水，拌炒至熟，即可起鍋。

醬拌四季豆

材料

四季豆150公克、薑15公克、紅辣椒10公克

調味料

沙拉油1大匙、豆瓣醬1大匙、番茄醬1大匙、糖1小匙、白胡椒粉少許

做法

1. 四季豆洗淨，以滾水汆燙，切段；薑洗淨去皮，切末；紅辣椒洗淨，切末，備用。
2. 冷鍋倒入沙拉油，開中火，爆香薑末、紅辣椒末，加入豆瓣醬、番茄醬炒香，倒入1⅕杯熱水，以糖、白胡椒調味，拌炒至熟，即可起鍋，將炒醬拌入四季豆段。

14

古早味招牌便當

味噌米丸子便當

便當內容＋
味噌米丸子
豌豆炒茭白筍
辣炒劍筍

美味小提醒

- 米丸子也可採用油煎，味道更美味。

味噌米丸子

材料　在來米粉150公克、低筋麵粉20公克、杏鮑菇30公克、青豆仁10公克

調味料　白味噌醬1大匙、鹽1小匙、白胡椒粉¼小匙、糖10公克、沙拉油1小匙

做法

1. 杏鮑菇洗淨，切碎；青豆仁洗淨，以滾水燙熟，取出放涼，切碎；白味噌醬加入3大匙水，攪拌為味噌醬汁，備用。
2. 取一個碗，加入在來米粉、低筋麵粉、杏鮑菇碎、青豆仁碎，以鹽、白胡椒粉、糖調味，用80度的熱水沖下，攪拌均勻成糰狀，放入抹油的盤子，移入蒸鍋，開大火，蒸30分鐘，取出放涼，擠成米丸子。
3. 冷鍋倒入沙拉油，開小火，倒入味噌醬汁，加入米丸子略拌，即可起鍋。

豌豆炒茭白筍

材料　豌豆100公克、茭白筍100公克、紅蘿蔔20公克、新鮮香菇30公克

調味料　沙拉油1小匙、鹽½小匙、糖¼小匙、白胡椒粉少許、香油少許

做法

1. 豌豆洗淨，以滾水燙熟；茭白筍剝殼洗淨，切片；紅蘿蔔洗淨去皮，切片；新鮮香菇洗淨，切片，備用。
2. 冷鍋倒入沙拉油，開中火，加入茭白筍片、紅蘿蔔片炒香，倒入⅔杯熱水，以鹽、糖、白胡椒粉調味，加入香菇片炒熟，再加入豌豆拌炒至熟，淋上香油，即可起鍋。

辣炒劍筍

材料　劍筍150公克、乾香菇30公克、薑10公克

調味料　沙拉油1大匙、醬油1小匙、鹽½小匙、糖½小匙、辣椒醬1小匙

做法

1. 劍筍洗淨，斜刀切段；乾香菇泡開，切條；薑洗淨去皮，切片，備用。
2. 冷鍋倒入沙拉油，開中火，爆香薑片，加入香菇條，淋上醬油炒至上色，再加入劍筍段，以鹽、糖、辣椒醬調味，炒至入味，即可起鍋。

15
古早味招牌便當

ANADA
DRY
ONIC
ATER
VODKA MIX

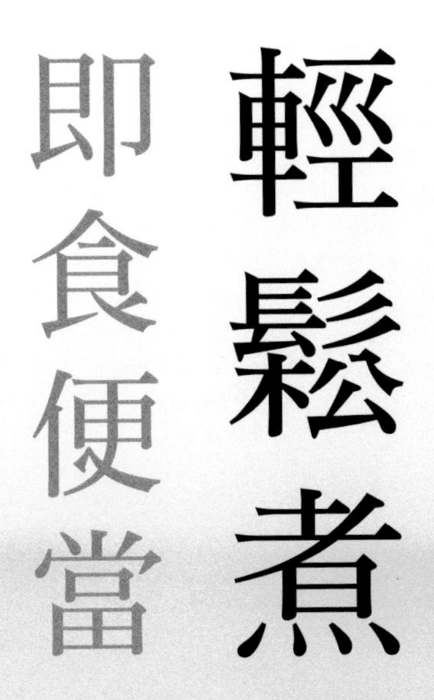

輕鬆煮 即食便當

Healthy
Lunch Box Ideas :
Yummy
Veggie Recipes!

3 chapter

01

輕鬆煮即食便當

美味小提醒

- 炒餅使用燙麵糰的原因是，燙麵糰做的麵皮較軟，而冷麵糰做的麵皮較硬，炒餅適合較柔軟的口感，熱炒後才會美味。

材料

小白菜50公克、新鮮黑木耳10公克、玉米筍20公克、紅辣椒5公克

餅皮

中筋麵粉200公克、鹽½小匙

調味料

沙拉油2大匙、沙茶醬1大匙、醬油½小匙、糖¼小匙

做法

1. 小白菜洗淨，切段；新鮮黑木耳洗淨，切小片；玉米筍洗淨，切片；紅辣椒洗淨，切片，備用。
2. 取一鋼盆，加入中筋麵粉、鹽，倒入⅔杯熱水，先拌至小片狀，再加入⅓杯冷水拌成糰，靜置15分鐘。
3. 分割麵糰為3等份，用擀麵棍擀成直徑20公分的圓餅。
4. 取一平底鍋，倒入1大匙沙拉油，開中火，加入餅皮，煎至兩面呈金黃色，取出放涼，切條。
5. 冷鍋倒入1大匙沙拉油，開小火，倒入沙茶醬炒香，加入黑木耳片、玉米筍片拌炒，倒入1杯熱水，以醬油、糖調味，加入餅皮條、小白菜段炒熟，撒上紅辣椒片，即可起鍋。

02

輕鬆煮即食便當

蕎麥糕便當

美味小提醒

- 蕎麥漿要攪打綿細，口感才佳。
- 蕎麥糕也可改變做法，直接切塊，用蒸鍋回蒸加熱5分鐘，即可取出，沾裹甜辣醬、花生粉與香菜，類似智慧糕的食用法。

材料

蕎麥150公克、
甜豆20公克、日本山藥50公克、
柳松菇30公克、薑5公克

調味料

沙拉油1小匙、鹽1小匙、
糖¼小匙、白胡椒粉½小匙、
香油1小匙

做法

1. 蕎麥洗淨，以1⅓杯水浸泡2小時，備用。
2. 取一果汁機，倒入蕎麥與浸泡蕎麥的水，攪打均勻，即是蕎麥漿。
3. 取一容器，抹上適量油，倒入蕎麥漿，移入蒸鍋，蒸20分鐘，取出放涼，切條。
4. 甜豆洗淨，切半；日本山藥洗淨去皮，切條；柳松菇洗淨，切段；薑洗淨去皮，切絲。
5. 冷鍋倒入沙拉油，開中火，爆香薑絲，加入蕎麥糕條煎香，倒入⅔杯熱水，再加入甜豆片、日本山藥條、柳松菇段，以鹽、糖、白胡椒粉調味，拌炒均勻至熟，淋上香油，即可起鍋。

03

輕鬆煮即食便當

堅果鮮蔬捲餅便當

美味小提醒

- 捲餅餅皮不要做得太厚，才易包捲。捲餅也可不包餡，做成小片煎餅食用。捲餅也可沾食番茄醬，更加美味。

材料

苜蓿芽30公克、紅蘿蔔20公克、豆薯20公克、鳳梨20公克

餅皮

低筋麵粉150公克、太白粉30公克、腰果20公克、南瓜子20公克、葵瓜子20公克、熟黑芝麻10公克、黑糖30公克

調味料

沙拉油2小匙、番茄醬10公克

做法

1. 腰果、南瓜子、葵瓜子用刀拍碎，呈細顆粒狀；苜蓿芽洗淨，瀝乾水分；紅蘿蔔洗淨去皮，切條；豆薯洗淨去皮，切條；鳳梨洗淨去皮，切條，備用。
2. 取一個碗，加入低筋麵粉、太白粉，再加入腰果粒、南瓜子粒、葵瓜子粒、熟黑芝麻，以黑糖調味，再倒入2⅓杯水，即是堅果餅麵糊。
3. 取一平底鍋，冷鍋倒入沙拉油，開中小火，倒入堅果餅麵糊，煎至兩面呈金黃色，即可取出餅皮，放涼。
4. 取1片堅果餅，包入苜蓿芽、紅蘿蔔條、豆薯條、鳳梨條，抹上番茄醬，捲起即是堅果鮮蔬捲餅。

04

輕鬆煮即食便當

美味小提醒

- 飯糰的裹粉，也可改用亞麻仁粉或熟黃豆粉。
- 梅汁菜脯可增加飯糰的風味，顏色更美麗，但如果沒有梅汁菜脯，改用一般的菜脯即可。

黑芝麻飯糰

白飯100公克、雪蓮子30公克、
梅汁菜脯20公克、黑芝麻粉10公克

綠藻飯糰

白飯100公克、金針菇50公克、
芥末椒鹽1小匙、綠藻粉10公克

小麥胚芽飯糰

白飯100公克、綜合堅果50公克、
葡萄乾20公克、小麥胚芽粉10公克

做法

1. 雪蓮子洗淨，用$\frac{1}{3}$杯水浸泡6小時，蒸熟；金針菇洗淨，以滾水燙熟，取出放涼，瀝乾水分，切小丁；梅汁菜脯切碎；綜合堅果以刀拍碎；葡萄乾切碎，備用。
2. 白飯、雪蓮子、梅汁菜脯碎拌勻，捏成糰狀，沾裹黑芝麻粉，即是黑芝麻飯糰。
3. 白飯、金針菇丁拌勻，以芥末椒鹽調味，捏成糰狀，沾裹綠藻粉，即是綠藻飯糰。
4. 白飯、綜合堅果碎、葡萄乾碎拌勻，捏成糰狀，沾裹小麥胚芽粉，即是小麥胚芽飯糰。

05

輕鬆煮即食便當

芒果三明治便當

美味小提醒

- 製作芒果沙拉醬時，攪打的水量，可依水果的酸甜度，做口味調整。芒果沙拉醬內，也可加入切塊的芒果丁，增加口感。

材料

全麥吐司4片、美生菜20公克、
牛番茄20公克、豆包50公克、馬鈴薯150公克、
芒果300公克、檸檬汁1小匙

調味料

沙拉油1大匙、糖1小匙

做法

1. 美生菜洗淨，剝片，瀝乾水分；牛番茄洗淨，切片；豆包洗淨；馬鈴薯洗淨，切片，蒸熟放涼；芒果洗淨去皮、去子，切片，備用。
2. 冷鍋倒入沙拉油，開小火，加入豆包煎香，煎至兩面呈金黃色，即可起鍋。
3. 取一果汁機，加入馬鈴薯片、芒果片，以糖、檸檬汁調味，加入2杯冷開水，攪打均勻，即是芒果沙拉醬。
4. 取1片全麥吐司，依序放上豆包、2片抹上芒果沙拉醬的全麥吐司、美生菜、牛番茄片，最後再放上1片全麥吐司即可。

06

輕鬆煮即食便當

美味小提醒

- 麵線先蒸過再燙熟，比較不容易糊化。蒸麵線的盤子，盤內不能有水，以免麵線相互沾黏。

麻油麵線便當

材料

麵線120公克、老薑10公克、碧玉筍10公克、杏鮑菇20公克、紅蘿蔔10公克

調味料

黑麻油2大匙、鹽少許

做法

1. 取一個盤子，加入麵線，移入電鍋，蒸5分鐘，即可取出，以滾水燙熟；老薑洗淨，切片；杏鮑菇洗淨，切絲；碧玉筍洗淨，切絲；紅蘿蔔洗淨去皮，切絲，備用。
2. 冷鍋倒入黑麻油，開中火，爆香薑片、杏鮑菇絲，倒入2杯熱水，轉中大火煮滾，加入碧玉筍絲、紅蘿蔔絲，再加入麵線煮熟，以鹽調味，即可起鍋。

01

輕鬆煮即食便當

美味小提醒

- 將南瓜熬煮成泥，是為讓南瓜泥融入米粉裡，食用時，南瓜的風味更足夠。

金瓜米粉便當

材料

乾米粉50公克、南瓜200公克、新鮮香菇20公克、綠豆芽20公克、薑5公克、香菜10公克

調味料

沙拉油1大匙、鹽1小匙、白胡椒粉½小匙

做法

1. 乾米粉以滾水氽燙20秒；南瓜洗淨去皮、去子，切絲；新鮮香菇洗淨，切絲；綠豆芽洗淨，摘除頭尾；薑洗淨，切絲；香菜洗淨，切小段，備用。
2. 冷鍋倒入沙拉油，開中火，爆香薑絲、南瓜絲，炒軟南瓜絲後，先取出一半的南瓜絲，倒入1⅓杯熱水，南瓜絲熬煮至呈泥狀，加入香菇絲、綠豆芽，以鹽、白胡椒粉調味，再加入米粉拌炒均勻，最後加入另一半南瓜絲炒熟，撒上香菜段拌勻，即可起鍋。

08

輕鬆煮即食便當

辣味烏龍麵

美味小提醒

- 烏龍麵要買新鮮冷藏的，買回時放入冰箱的保存方式，也要冷藏，不宜冷凍，盡量新鮮食用，以避免麵條老化斷裂。烏龍麵在煮前要先清洗，或快速汆燙，讓麵條保持彈性口感。

材料

烏龍麵100公克、
蘆筍20公克、大白菜50公克、
鴻喜菇30公克、薑5公克

調味料

鹽1小匙、沙拉油1大匙、
辣椒粉1大匙、糖¼小匙

做法

1. 烏龍麵洗淨；蘆筍洗淨，削除粗皮，切段；大白菜洗淨，剁小片，加鹽讓大白菜片軟化出水；鴻喜菇洗淨；薑洗淨去皮，切片，備用。
2. 冷鍋倒入沙拉油，開中火，爆香薑片，加入大白菜片，以辣椒粉、糖調味，加入蘆筍段、鴻喜菇拌炒，再加入烏龍麵炒至入味，即可起鍋。

09

輕鬆煮即食便當

什錦冬粉便當

美味小提醒

- 因冬粉受熱會糊化，為讓冬粉停止糊化，可先用滾水汆燙3秒鐘，再冷沖水。經此處理過程後，冬粉可炒得條條分明。

材料

冬粉1把、高麗菜30公克、乾香菇5公克、乾金針10公克、沙拉筍20公克、薑5公克、香菜10公克、紅辣椒5公克

調味料

沙拉油1大匙、鹽½小匙、醬油½小匙、糖¼小匙、白胡椒粉¼小匙

做法

1. 高麗菜洗淨，切絲；乾香菇泡開，切絲；乾金針泡開，打結；沙拉筍洗淨，切絲；薑洗淨，切絲；香菜洗淨，切小段；紅辣椒洗淨，切片，備用。
2. 取一鍋，倒入10杯水，開大火，煮滾，將冬粉放入漏勺，入鍋汆燙3秒鐘，取出沖冷水，沖涼後，以冷水浸泡30分鐘，瀝乾水分。
3. 冷鍋倒入沙拉油，開中火，爆香薑絲，加入香菇絲炒香，加入高麗菜絲、筍絲、金針拌炒，倒入⅔杯熱水，以鹽、醬油、糖、白胡椒粉調味，加入冬粉炒至入味，撒上香菜段、紅辣椒片拌勻，即可起鍋。

10

輕鬆煮即食便當

雪菜寧波年糕 便當

美味小提醒

- 雪菜可在家自製，材料為300公克小芥藍菜與1大匙鹽。小芥藍菜洗淨，瀝乾水分，用鹽抹匀，用力搓揉約5分鐘，待小芥藍菜變色出水，靜置10分鐘，倒除水分，擠乾小芥藍菜，即是雪菜。將雪菜放入耐熱袋，冷藏於冰箱，可保存3天。

材料

寧波年糕120公克、
雪菜50公克、豆包50公克、
紅辣椒5公克、薑5公克

調味料

沙拉油4小匙、鹽1小匙、
糖¼小匙、白胡椒粉少許

做法

1. 雪菜洗除鹽分，擠乾水分，切小段；豆包洗淨；紅辣椒洗淨，切絲；薑洗淨去皮，切絲，備用。
2. 冷鍋倒入1小匙沙拉油，開小火，加入豆包煎香，煎至兩面呈金黃色，取出放涼，切粗條。
3. 重熱油鍋，倒入1大匙沙拉油，開中火，爆香薑絲，加入雪菜段拌炒，倒入⅔杯熱水，以鹽、糖、白胡椒粉調味，加入寧波年糕、豆包條、紅辣椒絲拌炒均匀，即可起鍋。

HAPPY

世界風創意便當

Healthy
Lunch Box Ideas :
Yummy
Veggie Recipes!

美味小提醒

- 蒸地瓜丁與南瓜丁時，要留意勿蒸至過於軟爛，以免軟化成泥，無法定型。
- 黃金沙拉的食材可更換組合，除地瓜丁、南瓜丁，也可增加馬鈴薯丁、芋頭丁。如芝麻醬過於濃稠，可用熱開水稀釋。芝麻醬也可用檸檬汁調味，味道較不甜膩。

材料

法式長棍麵包1條、
地瓜100公克、南瓜100公克、
葡萄乾30公克、小黃瓜20公克

調味料

芝麻醬2大匙、糖1小匙

做法

1. 地瓜洗淨去皮，切小丁，蒸熟放涼；南瓜洗淨去皮、去子，切小丁，蒸熟放涼；小黃瓜洗淨，切片，備用。
2. 取一個碗，加入地瓜丁、南瓜丁、葡萄乾，以芝麻醬、糖調味，攪拌均勻，即是黃金沙拉。
3. 法式長棍麵包切⅓取尾端處，挖空，填入黃金沙拉，再放入小黃瓜片即可。

01

世界風創意便當

韓國蔬菜拌飯 便當

便當內容＋
滷豆包
熱炒雙脆
醃辣白菜
煎芋頭
白飯

美味小提醒

- 韓國蔬菜拌飯以醃辣白菜，代替拌飯常用的韓式辣椒醬，食用時，將白飯、醃辣白菜，以及其他配菜攪拌均勻即可。

滷豆包

材料

豆包50公克

調味料

沙拉油1大匙、醬油1小匙、糖¼小匙、白胡椒粉少許

做法

1. 豆包洗淨，備用。
2. 冷鍋倒入沙拉油，開中火，加入豆包煎香，煎至兩面呈金黃色，倒入⅔杯熱水，以醬油、糖、白胡椒粉調味，煮5分鐘，即可起鍋，瀝乾水分，切絲。

熱炒雙脆

材料

黃豆芽50公克、四季豆50公克

調味料

沙拉油2小匙、鹽1小匙

做法

1. 黃豆芽洗淨；四季豆洗淨，切段，備用。
2. 冷鍋倒入沙拉油，開中火，倒入1/3杯熱水，加入黃豆芽炒熟，再加入四季豆段炒熟，以鹽調味，即可起鍋。

醃辣白菜

材料

大白菜100公克、薑5公克、紅辣椒5公克

調味料

鹽1小匙、辣椒粉1小匙、糯米醋1小匙、糖¼小匙

做法

1. 大白菜洗淨，葉片切片，菜梗切粗絲，以滾水燙熟，擠乾水分；薑洗淨去皮，切絲；紅辣椒洗淨，切片，備用。
2. 取一個碗，加入大白菜片與大白菜絲，以鹽、辣椒粉、糯米醋、糖調味，醃漬30分鐘即可。

煎芋頭

材料

芋頭100公克

調味料

沙拉油1大匙、鹽¼小匙、白胡椒粉少許

做法

1. 芋頭洗淨去皮，切粗絲，備用。
2. 取一平底鍋，冷鍋倒入沙拉油，開小火，加入芋頭絲煎熟，以鹽、白胡椒粉調味，即可起鍋。

02

世界風創意便當

越南河粉便當

美味小提醒

- 河粉入鍋乾炒，可減少少分，避免炒得軟爛，影響口感。

材料

河粉150公克、
空心菜50公克、板豆腐80公克、
綠豆芽30公克、紅辣椒5公克

調味料

沙拉油1大匙、醬油1大匙、
糖¼小匙、鹽適量

做法

1. 河粉洗淨，乾鍋開中火，加入河粉，乾炒3分鐘；空心菜洗淨，取梗，切段；板豆腐洗淨，抹少許鹽，切粗條；綠豆芽洗淨，摘除頭尾；紅辣椒洗淨，切絲，備用。
2. 冷鍋倒入沙拉油，開小火，加入板豆腐條煎香，再加入空心菜段、綠豆芽、紅辣椒絲拌炒，倒入1杯熱水，以醬油、糖、鹽調味，加入河粉，拌炒均勻，即可起鍋。

03
世界風創意便當

日式照燒便當

便當內容＋

照燒豆包
海帶絲炒牛蒡
綠花椰炒豆豉
白飯

美味小提醒

- 照燒豆包的做法，除將豆包煎香，淋上照燒醬外，也可在煎香豆包後，加入照燒醬，開小火，煮至收汁，味道更入味。照燒醬的醬汁濃稠，在熬煮時要開小火，以免火候太大焦鍋。

照燒豆包

材料

豆包100公克、海苔片1張

醃醬

醬油2小匙、糖¼小匙、白胡椒粉少許

照燒醬

醬油膏1大匙、番茄醬1大匙、糖½小匙

調味料

太白粉少許、沙拉油1大匙

做法

1. 豆包洗淨；海苔片剪與豆包等寬；取一個碗，加入全部醃醬材料，攪拌均勻，備用。
2. 取一鍋，加入全部照燒醬材料，開小火，煮滾即可關火。
3. 攤開豆包，用醃醬醃20分鐘。
4. 豆包瀝乾醬汁，攤平，沾抹少許太白粉，放上海苔片，抹上少許太白粉收口，放入蒸鍋，用中火蒸5分鐘，取出放涼。
5. 取一平底鍋，倒入沙拉油，加入豆包，煎至兩面呈金黃色，即可取出盛盤，淋上照燒醬即可。

海帶絲炒牛蒡

材料

海帶絲50公克、牛蒡50公克、薑5公克、紅辣椒5公克

調味料

沙拉油1小匙、醬油1小匙、鹽¼小匙、
糖¼小匙、香油少許

做法

1. 海帶絲洗淨，切段；牛蒡用菜瓜布刷洗，切絲；薑洗淨去皮，切絲；紅辣椒洗淨，切絲，備用。
2. 冷鍋倒入沙拉油，加入牛蒡絲，淋上醬油炒至上色，加入海帶絲，倒入⅔杯熱水，以鹽、糖調味，加入紅辣椒絲，淋上香油，即可起鍋。

綠花椰炒豆豉

材料

綠花椰菜200公克、豆豉10公克、
美白菇50公克、薑5公克、紅辣椒5公克

調味料

沙拉油1小匙、鹽½小匙、糖¼小匙

做法

1. 綠花椰菜洗淨，切小朵，以滾水汆燙；美白菇洗淨，切段；薑洗淨去皮，切末；紅辣椒洗淨，切末 ，備用。
2. 冷鍋倒入沙拉油，開中火，爆香薑末，炒香豆豉、紅辣椒末 ，倒入⅓杯熱水，以鹽、糖調味，加入美白菇段炒熟，再加入綠花椰菜拌炒，即可起鍋。

04

世界風創意便當

和風水果壽司 便當

美味小提醒

- 梅子醋的梅肉可泡綠茶，即梅子綠茶。梅子醋做的醋飯，不能添加過多醋汁，以免白飯變得軟爛。可將梅肉切碎，加入醋飯。
- 製作壽司飯在加醋時，要開電風扇吹散飯的熱氣，將飯吹涼。

材料

白米2杯、小黃瓜20公克、
番茄50公克、綠花椰菜30公克、
玉米粒20公克、鳳梨100公克、芭樂100公克、
香蕉100公克、海苔片3片

調味料

糯米醋3⅓杯、冰梅75公克、
鹽少許、沙拉油少許

和風沙拉醬

亞麻仁油1大匙、醬油1小匙、
黑胡椒粒1小匙

做法

1. 取一個寬口的玻璃瓶，倒入糯米醋，加入冰梅，浸泡一天，即是梅子醋。
2. 白米洗淨，用2杯水，浸泡30分鐘；小黃瓜洗淨，切片；番茄洗淨，切塊；綠花椰菜洗淨，切小朵，以滾水燙熟；玉米粒洗淨，以滾水燙熟；鳳梨洗淨去皮，切條；芭樂洗淨去子，切條；香蕉剝皮，切條。
3. 白米連同泡米水一起倒入電鍋內鍋，加入鹽、沙拉油，移入電鍋蒸熟。電鍋開關跳起後，燜10分鐘，打開鍋蓋，將飯拌鬆，再蓋上鍋蓋燜一下即可。
4. 取出白飯，趁熱加入⅓杯梅子醋拌勻，即是壽司飯。
5. 取一個容器，加入亞麻仁油、醬油、黑胡椒粒，攪拌均勻，即是和風沙拉醬。
6. 取一個容器，加入小黃瓜片、番茄塊、綠花椰菜、玉米粒，食用時，淋上和風沙拉醬即可。
7. 取1片海苔片鋪底，鋪上壽司飯，放上鳳梨條、芭樂條、香蕉條，即可捲起，壓緊實，切小段即可。
8. 食用和風水果壽司時，搭配和風沙拉醬，更加美味。

05

世界風創意便當

泰式綠咖哩便當

美味小提醒

- 泰式綠咖哩的辣味強烈，可就個人口味做辣度調整。

材料

泰國香米1杯、板豆腐50公克、南瓜50公克、甜豆20公克、秀珍菇20公克

調味料

沙拉油1大匙、綠咖哩1塊、辣椒粉¼小匙、糖少許

做法

1. 泰國香米洗淨，用1杯水浸泡30分鐘；板豆腐洗淨，切片，抹少許鹽略微醃漬出水；南瓜洗淨，去皮去子，切塊；甜豆洗淨；秀珍菇洗淨，對剖，備用。
2. 泰國香米連同泡米水一起倒入電鍋內鍋，加入少許鹽與少許沙拉油，移入電鍋蒸熟。電鍋開關跳起後，燜10分鐘，打開鍋蓋，將飯拌鬆，再蓋上鍋蓋燜一下即可。
3. 取一平底鍋，冷鍋倒入沙拉油，開小火，加入板豆腐片煎至呈金黃色，即可取出，倒入2杯熱水，加入綠咖哩、南瓜塊，蓋上鍋蓋，燜煮至南瓜塊熟透，加入秀珍菇、甜豆拌炒，以辣椒粉、糖調味，再加入板豆腐片拌炒入味，即可起鍋。
4. 食用時，白飯淋上泰式綠咖哩，攪拌均勻即可。

美味小提醒

- 地中海風料理重視全穀類、堅果類、蔬果類食材，因此地中海風便當非常健康營養，也適合當早餐。

材料

全麥麵包1個（200公克）、
乾雪蓮子30公克、黑豆30公克、
紅蘋果30公克，青椒10公克、
黃椒10公克、黑橄欖20公克

堅果醬

腰果50公克、
南瓜子50公克、熟白芝麻200公克、
糖½小匙、鹽少許

做法

1. 乾雪蓮子洗淨，用水浸泡6小時，瀝乾水分，倒入1⅓杯水，移入電鍋蒸熟，取出，瀝乾水分；黑豆洗淨，用2杯水浸泡6小時，瀝乾水分，倒入電鍋內鍋，倒入1⅓杯水，放入電鍋蒸熟；紅蘋果洗淨，切塊；青椒、黃椒洗淨去子，切塊；黑橄欖切片；全麥麵包切片，備用。
2. 取一食物調理機，加入腰果、南瓜子、熟白芝麻、糖、鹽，攪打濃稠，即是堅果醬。
3. 取一碗，加入雪蓮子、黑豆、紅蘋果塊、青椒塊、黃椒塊、黑橄欖片，再加入堅果醬，攪拌均勻濃稠，即是綜合沙拉。
4. 全麥麵包片抹上堅果醬，搭配綜合沙拉食用即可。

07

世界風創意便當

緬甸飯包便當

便當內容＋

醬筍片

毛豆夾

辣味高麗菜

白飯

美味小提醒

- 緬甸人因工作常大量勞動，所以便當偏於酸辣重口味。醬酸筍本應使用酸筍，但有些人可能會不習慣酸筍的味道，所以改用桂竹筍。

醬筍片

材料

桂竹筍100公克、薑5公克

調味料

沙拉油1大匙、醬油1小匙、鹽少許、糖¼小匙

做法

1. 桂竹筍洗淨剝殼，蒸熟，切片；薑洗淨去皮，切絲，備用。
2. 冷鍋倒入沙拉油，開中火，爆香薑絲，加入筍片，淋上醬油炒至上色，倒入⅔杯熱水，以鹽、糖調味，煮至入味，即可起鍋。

毛豆夾

材料

毛豆夾150公克、八角3粒、甘草1片

調味料

鹽1大匙、糖少許、黑胡椒粒1小匙、香油2小匙

做法

1. 毛豆夾洗淨，瀝乾水分，備用。
2. 取一鍋，倒入7杯水，加鹽，開大火煮滾，加入毛豆夾，以糖調味，轉中火，繼續煮10分鐘，取出放涼。
3. 豆夾撒上黑胡椒粒，淋上香油，攪拌均勻即可。

辣味高麗菜

材料

高麗菜150公克、乾香菇10公克、
紅辣椒10公克、薑5公克

調味料

鹽½小匙、醬油2小匙、
番茄醬1小匙、糯米醋¼小匙、糖¼小匙、
沙拉油1大匙、辣椒粉1小匙

做法

1. 高麗菜洗淨，切片；乾香菇泡開，切片；紅辣椒洗淨，切段；薑洗淨去皮，切片，備用。
2. 取一個碗，加入鹽、醬油、番茄醬、糯米醋、糖，攪拌均勻，即是炒醬。
3. 冷鍋倒入沙拉油，開中火，爆香薑片、香菇片、紅辣椒段，淋上炒醬，加入高麗菜片炒熟，撒上辣椒粉，即可起鍋。

08
世界風創意便當

美味小提醒

- 雪蓮子含有天然澱粉質，用雪蓮子漿做勾芡，比太白粉健康。

材料

乾雪蓮子60公克、
豆包100公克、紅蘿蔔30公克、
芋頭100公克、秋葵30公克

調味料

沙拉油1大匙、咖哩粉20公克、
鹽1大匙、糖¼小匙

餅皮

中筋麵粉100公克、
鹽½小匙、沙拉油2大匙

做法

1. 乾雪蓮子洗淨，用水浸泡6小時，瀝乾水分，倒入1⅓杯水，移入電鍋蒸熟，取⅔量，倒入果汁機，加入3⅓杯水，攪打成雪蓮子漿；豆包洗淨，切塊；紅蘿蔔洗淨去皮，切塊，蒸熟；芋頭洗淨去皮，切塊，蒸熟；秋葵洗淨，切片，以滾水燙熟，備用。
2. 冷鍋倒入沙拉油，開小火，加入豆包塊，煎至兩面呈金黃色，即可取出，倒入⅔杯熱水，炒香咖哩粉，加入雪蓮子漿與雪蓮子粒，再加入紅蘿蔔塊、芋頭塊，煮至入味，以鹽、糖調味，再加入秋葵片、豆包塊煮熟，即可起鍋，即是咖哩沾醬。
3. 取一鋼盆，加入中筋麵粉、鹽，倒入⅓杯熱水，取一根筷子攪打至呈雪花片狀，再加入1⅓大匙沙拉油，揉成麵糰，靜置15分鐘，用擀麵棍擀成圓餅。
4. 取一平底鍋，倒入沙拉油，開中火，加入餅皮，煎至兩面呈金黃色，即可起鍋。
5. 印度餅可搭配咖哩沾醬食用。

09
世界風創意便當

美味小提醒

- 東炎醬用小火炒過，味道較香。

材料

茄子50公克、洋菇60公克、
筆管麵100公克、九層塔葉20公克

調味料

鹽⅓小匙、東炎醬1大匙、
海鹽½小匙、糖1小匙、
糯米醋1小匙、黑胡椒粒1小匙

做法

1. 筆管麵以滾水煮熟，瀝乾水分，加入少許油拌勻；茄子洗淨，切段；洋菇洗淨，切片；九層塔葉洗淨，備用。
2. 取一鍋，倒入7杯水，加鹽煮滾，加入茄子段，立即蓋上鍋蓋，煮3分鐘，取出瀝乾水分。
3. 冷鍋倒入沙拉油，開小火，加入東炎醬炒香，倒入1杯熱水，轉中火，以海鹽、糖、糯米醋調味，加入茄子段、洋菇片拌炒，再加入筆管麵，炒至入味，加入九層塔葉，撒上黑胡椒粒，即可起鍋。

10

世界風創意便當

禪味廚房 ⑩

素便當，好好吃！

Healthy Lunch Box Ideas:
Yummy Veggie Recipes!

國家圖書館出版品預行編目資料

素便當,好好吃!／張翡珊著. -- 初版. -- 臺北市：法鼓文化，2013.12
面； 公分
ISBN 978-957-598-633-9（平裝）

1.素食食譜

427.31 102022926

作者／張翡珊
攝影／周禎和
出版／法鼓文化
總監／釋果賢
總編輯／陳重光
編輯／張晴、李金瑛
美術編輯／化外設計
地址／臺北市北投區公館路 186 號 5 樓
電話／（02）2893-4646
傳真／（02）2896-0731
網址／http://www.ddc.com.tw
E-mail／market@ddc.com.tw
讀者服務專線／（02）2896-1600
初版一刷／2013 年 12 月
初版三刷／2019 年 6 月
建議售價／新臺幣 300 元
郵撥帳號／50013371
戶名／財團法人法鼓山文教基金會 — 法鼓文化
北美經銷處／紐約東初禪寺
Chan Meditation Center（New York, USA）
Tel／（718）592-6593
Fax／（718）592-0717